U0156062

中华文化元素丛书

ZHONGHUA WENHUA YUANSU CONGSHU

冯天瑜　姚伟钧　主编　第二辑

四时节气

萧放　郑艳　著

长春出版社

全国百佳图书出版单位

图书在版编目（CIP）数据

四时节气 / 萧放, 郑艳著. -- 长春 : 长春出版社,
2022.5
（中华文化元素丛书 / 冯天瑜, 姚伟钧主编. 第二辑）
ISBN 978-7-5445-6701-5

Ⅰ.①四… Ⅱ.①萧… ②郑… Ⅲ.①二十四节气
Ⅳ.①P462

中国版本图书馆 CIP 数据核字（2022）第 072518 号

四时节气（中华文化元素丛书第二辑）

著　　者　萧放　郑艳
责任编辑　张中良
封面设计　郝　威

出版发行　长春出版社
总 编 室　0431－88563443
市场营销　0431－88561180
网络营销　0431－88587345
地　　址　吉林省长春市长春大街309号
邮　　编　130041
网　　址　www.cccbs.net

制　　版　长春出版社美术设计制作中心
印　　刷　长春天行健印刷有限公司

开　　本　787mm×1092mm　1/16
字　　数　226千字
印　　张　19.5
版　　次　2022年5月第1版
印　　次　2022年5月第1次印刷
定　　价　68.00元

总 序

一

由别具慧眼的长春出版社策划的本丛书，以蕴含中华文化元素的诸事象为描述对象，试图昭显中华文化的特质、流变和前行方向。

"元"意谓本源、本根，"素"意谓未被分割的基本质素，合为二字词"元素"，原为化学术语，本义是具有相同核电荷数（即相同质子数）的同一类原子的总称，如非金属元素氧（O）、金属元素铁（Fe），是组成具体自然物——氧化铁（Fe_2O_3）的基本质素。

作为化学术语的汉字词"元素"，由日本江户时代的兰学家宇田川榕庵（1798—1845）在所著《植学启原》（1834）和所译《舍密开宗》（1837）中创制，是对荷兰语 grondstof 的

意译。清末来华的美国长老派传教士丁韪良（1827—1916）在《格物入门》（1868）中创汉字词"原质"，意译同一西洋术语（英文为 element）。清末民初，汉字词"元素"自日本传入中国，逐渐取代"原质"。1915 年，中国科学社董事会会长任鸿隽（1886—1961）在《科学》杂志第一卷第二号上发表《化学元素命名说》，为中国较早使用"元素"一词的案例。①

在现代语用实践中，"元素"这一自然科学术语被广为借用，泛指构成事物的基元，这些基元及其组合方式决定事物的属性。"文化元素"指历史上形成并演化着的诸文化事象中蕴藏的富于特色、决定文化性质的构成要素。

本丛书论涉的"中华文化元素"，约指中华民族在千百年的历史进程中（包括在与外域文化的交融中）铸造的具有中国气派、中国风格、中国韵味的基本质素，诸如阴阳和谐、五行相生相克、家国天下情怀、民本思想、忧患意识、经验理性导引下的理论与技术、儒释道三教共弘的非排他性信仰系统、区别于拼音文字的形义文字及其汉字文化，等等。它们生长发育于中华民族生活方式、思维方式的运行之间，蕴藏于器物文化、制度文化、行为文化（风俗习惯）和观念文化的纷繁具象之中，并

① 聂长顺，肖桂田：《近代化学术语元素之厘定》，《武汉大学学报》（人文科学版）2010 年第 6 期。

为海内外华人所认同。

二

　　文化的各个不同级次、不同门类包含着各具个性的中华元素。如水墨画的书画同源、墨分五色，武术的技艺合一、刚柔相济、讲究武德，园林的天然雅趣和"可居可游可赏"追求，民间风俗文化涵泳的吉祥、灵动、热烈、圆满，建筑中使用"中国红"（体现生命张力）、中轴线、对称与不对称美感，等等。

　　汉字及汉字文化是中华元素的一个案例。

　　世界各种文字都是从象形文字进化而来，多数文字从象形走向拼音，而汉字则从象形走向表意与表音相结合的"意音文字"，近有学者将汉字归为"拼义文字"，即注重语义拼合的文字：首先创造多个视觉符号作为表达万象世界的基本概念，然后将这些符号组合起来，用小的意义单位拼合成大的意义单位，表达新事物、新概念。①

　　自成一格的汉字创发于中国，是世界上仅存的生命力盎然的古文字，它主要传播于东亚，成为东亚诸国间物质文化、制度文化和精神文化互动的语文载体。在古代，中国长期是朝鲜、日本等东亚国家的文化供给源地；至近

① 张学新：《汉字拼义理论：心理学对汉字本质的新定性》，《华南师范大学学报》（社会科学版）2011 年第 4 期。

代，日本以汉字译介西方文化，成效卓异，日制汉字词中国多有引入。汉字在汉字文化圈诸国所起的作用，相当于拉丁文在欧洲诸国所起的作用，故有学者将汉字称为"东亚的拉丁文"。汉字是中华文化系统中影响最为深远广大的文化符号。

20 世纪初，日本学者内藤湖南（1866—1934）提出"中国文化圈"概念，指以中国为文化源及受中国文化影响的东亚地区，日本是"中国文化圈的一员"，他在《中国上古史》中说："所谓的东洋史，就是中国文化发展的历史"，是以汉字为载体的中国文化在东亚地区传播的历史。①此论阐发了汉字这一中华元素在东亚文化圈的重要意义。

中国人在 20 世纪 30 年代即对日本学者提出的东洋文化史观做出回应，傅斯年（1896—1950）在 1933 年著《夷夏东西说》，概括东亚文化的特别成分：

汉字、儒教、教育制度、律令制、佛教、技术。②

这是中国学者对东亚文化圈的要素即"中华元素"做出的提取。

承袭内藤说，日本的中国史学家西嶋定生

① [日] 内藤湖南：《中国上古史》，《内藤湖南全集》卷十，东京：筑摩书房，1997 年。
② 傅斯年：《夷夏东西说》，《中央研究院历史语言研究所集刊》外编第一种，1933 年。

（1919—1988）在二战后所著《东亚世
界与册封体制——6—8世纪的东亚》中指出，东亚世
界存在一个以中国为册封中心，周边诸国（日
本、朝鲜）为册封对象的"册封体制"，从而
提出东亚地区的一种"文化圈"模型。西嶋定
生在《东亚世界的形成》中概括汉字文化圈的
诸要素（或称"中华元素"）：

> 一、汉字文化，二、儒教，三、律令
> 制，四、佛教等四项。其中，汉字文化是
> 中国创造的文字，但汉字不只使用于中国，
> 也传到与其语言有别又还不知使用文字的
> 邻近诸民族……而其他三项，即儒教、律
> 令制、佛教，也都以汉字作为媒介，在这
> 个世界里扩大起来。①

1985年，法国汉学家汪德迈在《新汉文化
圈》一书中论述"汉文化圈"的特点：

> 它不同于印度教、伊斯兰教各国，内
> 聚力来自宗教的力量；它又不同于拉丁语
> 系或盎格鲁–撒克逊语系各国，由共同的母
> 语派生出各国的民族语言，这一区域的共
> 同文化根基源自萌生于中国而通用于四邻
> 的汉字。②

① ［日］西嶋定生：
《东亚世界的形成》，参
见刘俊文主编，高明士
等译：《日本学者研究
中国史论著选译》第二
卷，中华书局1993年，
第88页。
② ［法］汪德迈：《新汉
文化圈》，陈彦译，江
西人民出版社1993年，
第1页。

这里着重表述"中华元素"之一种——汉字的功能，汉字深刻影响东亚人的思维方式和表达方式，使汉字文化圈成为一个有着强劲生命活力的文化存在。

三

"中华元素"并非凝固不变、自我封闭的系统，它具有历史承袭性、稳定性，因而是经典的；具有随时推衍的变异性、革命性，因而又是时代的，2008 年北京奥运会开幕式表演突显四大发明，2010 年上海世博会中国馆采用中国红，皆为古老的中华元素的现代展现；中华元素是在世界视野观照下、在与外域元素（如英国元素、印度元素、日本元素、印第安元素）相比较中得以昭显的，故是民族的也是国际的，是中国的也是世界的。美国好莱坞动画片《功夫熊猫》《花木兰》演绎中华元素并获得成功，便是一个例证。

文化元素并非游离于文化事象之外的神秘存在，它们从来都与民族、民俗、民间的文化实践相共生，始终附丽并体现于器物、制度、风俗诸方面的具体文化事象和文化符号之中。中华元素之于文化事象，如魂之附体，影之随形，须臾不可分离。从诸文化事象（如江南园林、八大菜系、春节中秋等节庆、书画篆刻、昆曲京剧、武当少林功夫)的生动展现中提取中华元素的魂魄，昭显大众喜闻乐见的文化符号(如深蕴和谐精义的太极八卦图，代表四方、四季的"四灵"——青龙、白虎、朱雀、玄武，代表中央的麒麟)包蕴的精义，是本丛书的使命。

本丛书由阐发体现中华元素的若干文化事象(如园林、饮食、节庆、书画、宫殿、戏曲、服饰、汉字、武术、钱币、宗族、书院、姓名、茶等)的系列作品组成。

中华元素是构建当代中国文化及其核心价值体系的基本成分之一，是塑造国家形象、提升国民精神的重要资源。开掘并弘扬中华元素，有助于加深中国文化对国人的感召力、亲和力，增强历史敬畏感和时代使命感，提升民族自信心和文化传承创新的自觉性。

抉发中华元素还有一层意义：通过蕴藏中华元素的文化事象、文化符号，彰显可亲可敬的中国风格，奉献给异域受众，增进国际传播，推动中国文化"走出去"。

本丛书的选题及其撰写沿着"即器即道"的文化史路数，避免一味虚玄论道，也不停留于文化现象的就事论事，而追求道器结合——于形下之器透现形上之道，又让形上之道坐实

于形下之器，使中华元素从文化事象娓娓道
来的展示中得以昭显。

冯天瑜

2016 年 10 月

于武汉大学中国传统文化研究中心

目　录

目　　录

绪论 二十四节气与民俗

　　时间如风，星移斗转，天道无穷。节气是
自然时令，它依据的是地球围绕太阳公转过程
中，因所处位置的关系，接受阳光照射角度、
时间的不同，而带来的一系列天文物候变化。
中国人在生产生活中很早发现了这一自然时间
节律，总结出了二十四节气时令体系。

　　它指导着农人一年四季的农事活动。围绕
着二十四节气中的主要节点还形成了众多与信
仰、禁忌、仪式、养生、礼仪等相关的民俗文
化活动。

第一节　节气时令信仰与仪式民俗

二十四节气起源于黄河流域，它以黄河流域的天文物候为依据。春秋时期以前，人们已用土圭测日影的方法，测定了春分、秋分、夏至与冬至四个节气点，后又推算出立春、立夏、立秋、立冬的时间。战国时期，二十四节气已经出现，在《逸周书》中有

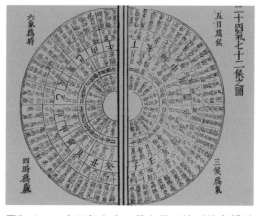

图0-1　二十四气七十二候之图（清《钦定授时通考》卷一）

完整的二十四节气序列，只是个别名称位置不同。汉人刘安的《淮南子》中关于二十四节气的顺序与当代二十四节气系列完全一致。

二十四节气时令是我们先民认识天地自然时序的时间框架，它是中国古代社会人们生产生活的时间指南。在二十四节气中有八个时间点是最主要的，那就是"四立"（立春、立夏、立秋、立冬）

与"二分"（春分、秋分）"二至"（夏至、冬至），这就是我们通常说的"四时八节"。围绕四时八节等节气时令，传统社会形成了系列的信仰与仪式活动。

古人认为二十四节气运行的内在动力是阴阳二气的流转，不同的节气时令，阴阳二气在天地中处于不同的位置。如《管子·乘马》所说："春秋冬夏，阴阳之推移也。"如果按年度周期划分四季的话，立春、立夏所在的上半年是阳气生发上升、阴气收敛下降的阶段，立秋、立冬所在的下半年是阴气上升、阳气下降藏伏的阶段。夏至是阳气高涨到极点，阴气开始发生的时刻；冬至是阴气上升到极点，阳气发动的时刻。由于阴阳二气分别代表温暖与寒冷的气候属性，万物的生命周期亦与节气时令相关，春生、夏养、秋杀、冬藏是"天之道"，围绕着这一天道信仰，不仅圣人要"副天之所行以为政"，以春庆、夏赏、秋罚、冬刑来对应天道，就是普通人的生活起居也要依照四季时令的阴阳特性安排，因此形成了特定节气时令的信仰、禁忌、仪式活动。

依照节气到来的时间，在特定的方位举行隆重的迎气仪式，是古老的时令仪式，其中春天最为隆重。《礼记·月令》记载，立春日，东郊迎春气。周天子在立春之前三天斋戒，立春之日，天子亲率三公、九卿、诸侯大夫，到东郊迎春。汉朝继承周制，在立春日，皇帝率大臣到东郊迎接春气，祭祀青帝句芒。这天，人们穿青色的衣服，唱《青阳》之歌，舞《云翘》之舞。一直到明朝前期，文武官员在立春前一天，都要在北京东直门外春场举行盛大的迎春仪式。但官员一律着红色衣服，簪花迎春。然后将春牛由春场迎入府内。这天，塑小春牛芒神，由京兆生送入朝中，依次进皇上春、中宫春、皇子春。然后，百官朝贺。

　　随着时代的变化，以朝廷为主的迎春仪式逐渐为世俗的鞭春习俗所代替。从宋朝开始有鞭春习俗，《东京梦华录》记载，当时北宋开封府，在立春前一天，"进春牛入禁中鞭春"。明代立春当日，府县官吏，各穿官服，礼句芒神，用彩色的鞭子鞭打春牛三次，以示劝农之意。清代立春日，有"进春"仪式。各省会府州卫"遵制鞭春"。清朝初年扬州土风，立春前一日，太守迎春于城东蕃厘观，令官妓扮社火。康熙年间，裁减乐户，没有官妓后，人们用花鼓戏中的角色代替，在扬州花鼓中，女性人物角色均由男性扮演，所以扬州俗语有："好女不看春，好男不看灯。"苏州立春前一天，观者如市，男女争着用手摸春牛，以求新年好运气。民谚云："摸摸春牛脚，赚钱赚得着。"立春日，太守在府堂举行鞭春仪式，用鞭子鞭碎土牛，谓之"打春"。立春日在苏州称为"春朝"，过节气氛与冬至差不多，人们用米粉做丸子，祭祀神灵、供奉祖先，并互相拜贺，名为"拜春"。

　　民国之前，各地仍有"打春牛"的习俗。人们用泥土做成春牛，涂上五彩，还有做一个芒神。在立春这天，由县令在衙门内主持鞭春仪式。县令用彩鞭鞭碎春牛，众人争抢"牛肉"（土块）带回家，据说今年就会有好收成。民间在立春前后要张贴《春牛图》。《春牛图》是年画的一种，上面有一儿童装扮的芒神，手持柳条，或立牛侧，或随牛后，或骑牛背。陕西的《春牛图》有"天下大吉""天下太平"的字样。

　　春季，东风徐来，大地回暖，阳气上升，春季的时令信仰围绕着助阳迎春展开。立春，四季之首，是生命春天降临的标志，民谚云："立春阳气生，草木发新根。"是农事耕种启动的重要时令。在立春节气，古代有迎春、鞭春、进春、唱春、拜春、尝春等官方

与民间的仪式活动。

夏季是阳气高涨的时节，迎夏与度夏是夏季时令信仰与仪式的主要内容。立夏，作为夏季的开始，自古受到人们的重视。围绕着立夏形成了不少礼仪习俗。周天子重视季节之首，每一节气都要举行迎气的仪式。在立夏前三天，负责天文历法的太史谒见天子说："某日立夏，盛德在火。"天子于是开始斋戒。到立夏这天，天子亲率三公、九卿、大夫到南郊迎夏，天子回到朝廷后，就依从时气，颁行赏赐，封建诸侯。这样的封赏活动，自然颇得民心，上下人等"无不欣悦"。在上古时代，人们的饮食起居要依从时令，根据夏季时令火德盛行的性质，天子住在明堂南方的东室，穿着红色的衣服，佩戴赤玉，食用豆与鸡，出行就乘坐朱红色的车马，打的自然也是赤色之旗。苏州立夏日，民俗要祭祀祖先，每家设樱桃、青梅、新麦供神，名为"立夏见三新"。

在古代阴阳五行观念中，夏至是阴气上升的时节，主张顺气的古人在这天要举行相应的扶阴助气仪式。周代在夏至日举行地神祭祀仪式，同时驱除疾疫、荒年与饥饿。《史记·封禅书》："夏日至，祭地祇。皆用乐舞。"东汉夏至日民间家户以桃印封门。南北朝时期，夏至吃粽子，唐朝依然。后改到了端午节。当然直到清代皇家还保持着夏至日祭地的大典，明清时期祭地典礼在北京地坛举行。夏至是气候转热的开始，三伏天从夏至后第三个庚日开始，夏至时节对一般人来说，因为阴阳二气争锋，宜闭门静养，安然度夏。

秋季，属于阴气生长的季节，秋风起，天转凉，收敛与对阴性世界的顺从，是这一季节的信仰与仪式表达的内容。其中迎秋仪式最典型。

立秋之日，古代朝廷要举行盛大的迎秋仪式。据《礼记·月令》，立秋日，周天子亲率三公九卿大夫到京城西郊迎接秋气。天子回朝之后对有功的军人进行奖赏，并开始军事训练，整顿法制，修缮监狱，审理案件，处分罪犯，征讨抗拒王命之人。为了顺应秋天的服色要求，天子衣白衣，乘白色的大车，佩戴白玉，树立白色的旗帜，吃麋子与狗肉，居于明堂的总章南室中，向下颁布秋令。并且寻找一些不孝不悌的有罪之人，加以处罚，以助阴气。这一季节，农人新收稻谷，进献给天子，天子尝新之前，先供奉祖先。在传统的时令信仰中，秋天的白露，是治疗眼疾的灵药，民间有八月收集露水洗眼的民俗。这种习俗始见于南北朝时期，《述征记》云："八月一日作五明囊，盛百草头露洗眼，令眼明也。"同时人们还用朱砂水点小孩额头，称为"天灸"，以除疾病。这种习俗一直在民间传承。

秋分在上古是祭月的重要日子，朝日夕月，说的就是春分祭日，秋分祭月。周人"祭日于坛，祭月于坎"，坛，在上，光明；坎，处下，幽静。此后历代都有祭月之礼，明清皇家秋分祭月之礼在北京月坛举行。

冬季，是冬藏的时节，北风呼啸，大地冰封。人们为了缓解生存的紧张情绪，举行迎冬与祭祖的仪式，以求与上天的沟通，获取祖灵的福佑。古代社会看重霜降，在霜降前一日及霜降日，将士披挂操练，迎请旗纛，并放炮扬威。

古代帝王重视立冬，据《礼记·月令》记载，周天子从立冬开始入居玄堂左室，乘坐黑色的车子，驾黑马，树黑旗，着黑色的衣服，佩戴玄玉，食用猪肉与黍米。总之，一切以水色为尚。立冬之前三日，太史报告天子，"某日立冬，盛德在水"。天子于是开始斋

戒。立冬之日，天子亲率三公、九卿、大夫到北郊迎冬。回转朝廷后，天子要"赏死事，恤孤寡"。后代帝王沿袭了立冬北郊迎气习俗。

冬至是重要的时令节点，是阴气高涨、阳气发生之时，传统计算二十四节气的起点，是最困难也是开始萌生希望的时节，人们围绕冬至举行一系列季节仪式。汉代开始庆贺冬至，六朝时代，称冬至为"亚岁"，媳妇给公婆进献鞋袜，给长辈祈寿。宋代官府放假如同新年。明清江南吴越地区冬至仍然是民俗大节。明代杭州，冬至称为亚岁，官府、民间各相庆贺，如元旦一样重视。清代的安徽、江西、湖南等地在冬至节祭祀祖先，一般是合族聚会祠堂，祭祀历代祖先，然后宴饮。近代以后苏州等地仍看重冬至节。先秦时期，朝廷在仲冬时节，闭藏、斋戒，潜心静养，"以待阴阳之所定"。冬至开始的数九九游戏，实质上也是寒冬时节具有巫术意义的召唤春天的仪式。冬至居于新旧更替的时节，在古人观念中它自然也就有了非同寻常的文化意义，冬至节俗中诸多信仰、仪式内容就来源于人们对这一时节的感受。

"故天有时，人以为正"。在中国传统社会里，节气天时是一个个重要节点，围绕这些节点形成了系列信仰仪式活动，人们通过仪式信仰的表达，取得了与天地的沟通，从而实现与社会人事、与自然的协调，从而保障了人间吉祥与幸福。

第二节 节气时令饮食与养生保健民俗

在节气时令中，饮食保健是其中特别引人瞩目的内容。它是我们祖先岁时生活的经验总结。传统时令饮食原则是"必先岁气，毋伐天和"，《黄帝内经》："春省酸增甘以养脾气，夏省苦增辛以养肺气，长夏省甘增咸以养肾气，秋省辛增酸以养肝气，冬省咸增苦以养心气。"即按照四季阴阳二气升沉流转与五行属性，调整饮食性质、内容。

春季养生，依据的是顺应春阳、提振精神的原则。咬春、尝新是春季饮食养生的主要方式。

在大地回春之际，以辛温食物，发散藏伏之气。立春饮食体现迎春、助阳的性质。上古是"荐羔祭韭"。古代有春盘，也叫"五辛盘"，因为盘盛五种辛辣生菜得名，民间的五辛盘，一般盛葱、姜、蒜、韭菜、萝卜等，"取迎新之义"。五辛盘兴起于仙道信仰流行下重视养生护生的六朝时期，人们以五种辛辣之物，发五脏之气。人们还发明了春饼，春饼是一种薄面饼，人们用它裹生菜食用，杜甫在《立春》诗中曾写下"春日春盘细生菜，忽忆两京梅发

时。盘出高门行白玉，菜传纤手送青丝"的佳句，至今伴随着春饼令人回味。明代北京人立春互相请客宴会，吃春饼和菜。用棉花塞耳，说这样新年耳朵的听力好。春卷是与春饼类似的近代立春食品，春卷是先将菜馅裹入薄面皮中，然后油炸食用的一种食物。春卷具有皮薄、色黄、香脆、质嫩、味鲜的特点。萝卜也是立春的应节食品，明代北京人无论贵贱在立春时都嚼萝卜，称为"咬春"。清代北京人新春日献辛盘，即使是一般百姓，也要杀鸡割肉，做面饼，杂以生菜、青韭芽、羊角葱，冲和合菜皮，兼生吃水红萝卜，名为"咬春"。

清明时令饮食有清明团、乌饭与清明茶。清明团是用清明时节生长的软萩、艾蒿等与糯米饭揉制而成，在六朝时就已出现。湖北、福建、广东、江西都有这一食俗。清明节令食品还有乌饭。清明节在南方地区吃一种特制的黑饭，明代杭州，明·田汝成《西湖游览志余》(卷二十)："僧道采杨桐叶染饭，谓之青精饭，以馈施主"。明清宁波人都称之为"青糍黑饭"。这种食品大约与寒食节的禁火有关，寒食节在宋朝以后与清明合一。浙江黄岩人清明采芜菁和米粉做饼，称为"寒食"。广东西宁民俗每年三月，用青枫（一名乌饭木）、乌桕嫩叶浸一晚上，然后以其汁和糯米蒸饭，饭"色黑而香"。北京三月时食有天坛的龙须菜，"味极清美"。香椿芽拌面筋、嫩柳叶拌豆腐，是寒食的佳品。清明茶是民俗饮食中的佳品。饮茶的最好季节是春天，带露的明前茶，是茶中的珍品。

夏天是高温潮湿的季节，为防止"疰夏"之疾（夏天不适应症），人们提前在立夏日进行饮食上的调节。江南立夏饮"七家茶"，也称"立夏茶"。明人田汝成记述杭州，《西湖游览志余》(卷二十)："立夏之日，人家各烹新茶，配以诸色细果，馈送亲戚比邻，谓之七家茶。"清代苏州人立夏日用隔年的撑门炭煮茶，茶叶是跟左右的邻居要来的，称为"七家茶"。吃立夏饭。杭州立夏还有"三烧五腊九时新"之说，三烧为：烧饼、烧鹅、烧酒。五腊为：黄鱼、腊肉、盐蛋、海狮、清明狗（清明日购买狗肉，悬挂庭上风干，立夏日取下食用，民间认为是夏天保健食品）。九时新为：樱桃、梅子、鲥鱼、蚕豆、苋菜、黄豆笋、玫瑰花、乌饭糕、莴苣笋等。北京也注重食物的配制，用清明柳穿的面点，煎作小儿食品，谓之"宜夏"。立夏是健壮身体的节日，人们的饮食有强身助力的象征意味，浙江新昌人立夏日吃健脚笋、吃立夏蛋。说这天食用鲜笋，会强健脚力。吃立夏蛋，也是民间立夏强身的风俗，俗谚："立夏吃蛋，石头都踩烂。"立夏还有饮食养颜民俗，喝驻颜酒。立夏以李子泡酒，说此酒可以养颜，为女性服用。

大暑时节，正在伏天。为了保证安全度夏，古代有伏日民俗，朝廷给官员发肉，让他们放假回家，闭门不出。宋代皇帝为了表示对臣僚的体恤，三伏天给臣下赐冰解暑。明代朝廷将颁冰的日子改在立夏，清代苏州民间仍然在三伏天启出窖冰发卖。蔡云《吴歈》云："初庚梅断忽三庚，九九难消暑气蒸。何事伏天钱好赚，担夫挥汗卖凉冰。"

因为炎热的夏天对于人的身体来说有着重要影响，为了平安度夏，人们发明了诸多民俗饮食，以提前进行身体的保健。

夏至是极热时节，人们更重视饮食养生。白居易在《和梦得夏至忆苏州呈卢宾客》诗中云："忆在苏州日，常谙夏至筵。粽香筒竹嫩，炙脆子鹅鲜。水国多台榭，吴风尚管弦。每家皆有酒，无处不过船。"宋代发生变化，京畿一带，夏至日要吃"百家饭"，说吃了"百家饭"就容易度过炎炎夏日。由于百家的饭难以凑齐，后来

人们只要到姓柏的人家求饭就可以了。当时有一位名叫柏仲宣的医生，每年夏至日做饭馈送给相识的人家。明清以来，民间夏至食品是面条，俗有"冬至馄饨夏至面"之说。据清乾隆年间成书的《帝京岁时纪胜》说，当时北京人夏至日家家都吃冷淘面，也就是过水面。这种面条是都城的美食，各省到北京游历的人都说："京师的冷淘面爽口适宜，天下无比。"北京俗语为："头伏饽饽二伏面，三伏烙饼摊鸡蛋。"苏州人除了享用凉冰外，还有许多消暑的风物，乐善好施者，在门口普送药物，"广结茶缘"。

秋季凉爽，秋季时令养生，重视对夏天身体能量耗损的补充、身体的调养，以及为未来的冬寒贮备能量。

立秋有咬秋民俗，人们在立秋这天要吃秋瓜、秋桃，以保健避疫。这也是古代《诗经》所说"七月食瓜"的遗意。《津门纪略》："立秋之时食瓜，曰咬秋，可免腹泻。"清代北京人在立秋日阖家同食西瓜、茄脯，饮香薷汁，说这样秋后可免暑热痢疾之害。四川一些地区，在立秋节气的时候全家同饮一杯水，传说这样就能保证将积暑消除、不发生秋季腹泻。吞服赤小豆，也是过去立秋节日保健习俗。唐人《四时纂要》记载："立秋日，以秋水吞赤小豆七粒，止赤白痢疾。"山东临朐一带，在白露时节，八月初一采豆棵上的露水贮存起来，说是龙的汗水，用来做饭可医治百病。清代北方民间霜降期间吃迎霜粽，迎霜兔。迎霜兔是野兔，明朝宫廷中结合重阳节，吃登高迎霜麻辣兔。

冬季严寒，冬令养生，重在闭藏蛰伏，饮食以保暖御寒为主。民间在立冬日酿酒、腌菜、舂米，准备过冬。民间谚语："立冬不起菜，必定要受害。"一些地方冬至节俗的热闹场面超过了新年，所以有"肥冬瘦年"的俗语。清代苏州人"最重冬至节"，冬至前一天，亲朋好友互相馈送节日食品，提篮担盒者塞路，俗称"冬至盘"。苏州冬至的节令食品是冬至团，冬至团用糯米粉做成，中间包裹糖、肉、菜、果、豌豆沙、萝卜丝等。人们不仅用它来祀先祭灶，而且作为节礼相互馈送。

大寒是最寒冷的时节，寒气之极。民谚："小寒冻土，大寒冻河。"人畜都要保温防寒，"人到大寒衣满身，牛到大寒草满栏"。古代的腊日就在这一时节，腊日的腊鼓就在于驱除寒气，召唤阳春。民谚云："腊鼓鸣，春草生"。人们食用黏米豆果杂煮的腊八粥驱寒。大寒临近年节，谚语有："小寒大寒，就要过年；杀猪宰羊，皆大喜欢。"大寒之后是立春，苦寒的季节，人们期盼着春天的早日到来。

图0-2 清唐岱、丁观鹏绘《十二月令轴·正月》，台北故宫博物院藏

第三节　节气与时令观赏、娱乐

节气时令是自然节律，也是中国古人亲近自然的季节提示。人们依照春秋冬夏的天时，安排着四季的娱乐与休闲。

"二十四番花信风"是中国人特有的花事时间，花信从大寒梅花开始，一节三候，一候一花，直到谷雨牡丹花结束，共有二十四番花信。伴随花信的风也逐渐由北风变成了东风，冰雪的世界也就变幻为烂漫的原野。

六朝时期，人们在立春日，剪彩为燕，戴在头上，作为迎春的彩饰。还要在门上贴"宜春"二字。唐人更以立春剪彩为时尚，诗人李远的《剪彩》诗云："剪彩赠相亲，银钗缀凤真。双双衔绶鸟，两两度桥人。叶逐金刀出，花随玉指新。愿君千万岁，无岁不逢春。"立春剪彩中蕴含着对情人的深深祝福。

清明是一个游赏的日子，踏青郊游、放风筝、荡秋千，吃清明团。清明戴柳，"清明不戴柳，死后变黄狗"；"清明不戴柳，红颜成皓首"。山东一些地方，清明时妇女在户外荡秋千，格外开心，称为"女人的清明，男人的年"。立夏的到来，意味着春天的结束，天气开始炎热，宜静养。此外，有各种夏令物品，如蕉扇、苎巾、麻布、蒲鞋、草席、竹席、竹夫人、藤枕等，沿门销售。当地人会用纸制作各种灯具，其中萤火虫灯，别有情趣。人们用完整的鸭蛋壳做灯具，外粘贴五彩纸，做成鱼状，然后通过小孔将萤火虫放入鸭蛋壳内，萤火虫在蛋壳中闪闪发光。这种萤火虫灯，专供小儿嬉玩。苏州人还有纳凉的习俗，称为"乘风凉"。人们乘船聚于桥洞、水边，或到寺观，玩各种牌戏；有以观赏各种民间曲艺作为消暑的方式，有自相比试的清唱，有盲人男女的弹唱，有演说古今故事的说书。人们将乘凉变成一种休闲娱乐。

古代文人多愁善感，一到立秋，就情不自禁兴起悲秋之叹，白居易《立秋日曲江忆元九》诗，"下马柳阴下，独上堤上行。故人千万里，新蝉三两声。城中曲江水，江上江陵城。两地新秋思，应同此日情。"宋代有立秋戴楸叶的民俗，人们在立秋日将楸叶剪成花样戴在头上，以迎节气。这是与立春戴彩胜迎春相对应的民俗。《东京梦华录》记载："立秋日，满街卖楸叶。妇女儿童辈，皆剪成花样戴之。"广东佛山立秋后，有民间工艺展演聚会，名为"出秋色"。在湘西苗族立秋日，人们要赶秋节，男女交游，荡秋千。贵州苗族这天赶秋坡，同样是男女交往的娱乐节日。在江南苏州，白露前后，驯养蟋蟀，作为博戏之乐，称为"秋兴"，俗名"斗赚绩"。人们提笼相望，结队成群。呼其虫为"将军"，头大脚长的蟋蟀为贵，青黄红黑白五色为正色，受到人们的推崇。蟋蟀开斗的时间在白露后，一直斗到重阳为止。

秋分，《春秋繁露》中说："秋分者，阴阳相半也，故昼夜均而寒暑平。"秋分时节，风和日丽，秋高气爽，丹桂飘香，蟹肥菊黄，秋分是美好宜人的时节。霜降之前有霜信，一般以鸿雁来为霜

信。明人毛晋《毛诗草木鸟兽虫鱼疏广要》：北方有白雁"秋深方来，来则降霜。河北谓之霜信"。金朝诗人元好问《药山道中》诗云："白雁已衔霜信过，青林闲送雨声来。"霜降之后，秋收结束，农人开始休息。工人也停止工作。《礼记·月令》："霜始降，则百工休。"这种霜降之后，停止劳作，让工人休息的做法，既是顺时，也是因为天冷不便于工程开展或手艺制作。江南苏州，霜降后开始斗鹌鹑赌博，鹌鹑藏于彩色袋中，如果天寒，外加皮套，笼于袖中。北京在明代也有斗鹌鹑之戏。

冬至之后进入酷寒时节。民间的数九游戏，也是从冬至开始数起，俗谚说："算不算，数不数，过了冬至就进九。""进九"意味着严寒的到来，有民谚为证："冬至前后，冻破石头。"冬寒对于保暖条件简陋的古人来说，它的确构成了严重威胁，人们是掰着指头度日，为了纾解在冬寒胁迫下出现的心理危机，挨过漫长的冬季，人们很早就发明了"数九九"的游戏，从寒冬看到春日的希望。人们将从冬至开始的"数九九"的游戏，作为冬令时间的习惯表达，虽然立冬是进入冬季的时气点，但人们从身体感受出发，将冬至作为冬天到来的真正标志。数九九的游戏包括九九歌诀与九九消寒图两种。从宋元开始，九九歌诀就流传于南北各地，见诸记载最早的是宋人陆泳在《吴下田家志》中收录的那首。明清时期各地流行的九九歌与此大同小异。《五杂俎》的作者谢肇淛说：今京师谚又云："一九、二九，相逢不出手。三九、四九，围炉饮酒。五九、六九访亲探友。七九、八九沿河看柳。"

传统社会形成的"二十四节气"，对于当代中国人还有何种现实意义？我们对这一老祖宗留下的非物质文化遗产还有传承的必要吗？答案是肯定的。首先，它是中国先民的文化创造，是我们祖先在长期自然生活中观测到的经验总结，是宝贵的文化遗产，是我们古人时间体系的标志，它具有重要的遗产认知与继承的文化价值。其次，二十四节气作为自然时间体系，它在长期的传承过程中，已经成为一种民族的文化时间，它是我们把握作物生长时间、观测动物活动规律，认识人的生命节律的一种文化技术。例如中医采用的季节用药习惯与治疗方式、日常饮食生

图0-3 清唐岱、丁观鹏《十二月令轴·二月》，台北故宫博物院藏

活的季节调节与身体保健等。再说立春尝春、迎春、清明品茶踏青、立秋吃瓜秋游、大寒咏雪赏梅等也是一种传统的时间生活情

趣。最后，人生活在自然界，无论有多大的主动性与创造力，最终逃脱不了自然世界的时空限制，人只有顺应自然，依循自然时序，才能使自己生活得更愉快幸福。例如春天播种，夏天到来之前清理沟渠防止水害等。

二十四节气对于今天的中国人来说，具有提示生活节奏与调节生活方式的指导意义。我们应自觉地传承这一文明财富，尊重自然时间，尊重生命节律，让我们的时间从机械的物理性的钟表时间中解放出来，从而享受色彩斑斓的自然时间生活。

第一章　春阳雨润：春季节气

春季，东风徐来，万物生长，从孟春、仲春行至季春，经过立春、雨水、惊蛰、春分、清明和谷雨六个节气，时间跨度大约从公历二月初到五月初，其间大地回暖、阳气上升，春季的节气生活也围绕着迎春助阳展开。

咏立春正月节

春冬移律吕，天地换星霜。冰泮游鱼跃，和风待柳芳。
早梅迎雨水，残雪怯朝阳。万物含新意，同欢圣日长。

咏雨水正月中

雨水洗春容，平田已见龙。祭鱼盈浦屿，归雁过山峰。
云色轻还重，风光淡又浓。向春入二月，花色影重重。

咏惊蛰二月节

阳气初惊蛰，韶光大地周。桃花开蜀锦，鹰老化春鸠。
时候争催迫，萌芽护短修。人间务生事，耕种满田畴。

咏春分二月中

二气莫交争，春分雨处行。雨来看电影，云过听雷声。
山色连天碧，林花向日明。梁间玄鸟语，欲似解人情。

咏清明三月节

清明来向晚，山渌正光华。杨柳先飞絮，梧桐续放花。
鴽声知化鼠，虹影指天涯。已识风云意，宁愁雨谷赊。

咏谷雨三月中

谷雨春光晓，山川黛色青。桑间鸣戴胜，泽水长浮萍。
暖屋生蚕蚁，暄风引麦葶。鸣鸠徒拂羽，信矣不堪听。

——卢相公、元相公

第一节　立春阳气生

立春是春季的第一个节气，同时也是孟春的第一个节气。《史记·天官书》有"立春日，四时之始也"的说法。《月令七十二候集解》也说："立，建始也。五行之气，往者过，来者续于此，而春木之气始至，故谓之立也。"立春是春季的开端，也是木气到来的时候。《礼记·月令》："（孟春之月）某日立春，盛德在木。"孔颖达疏："四时各有盛时，春则为生，天之生育盛德在于木位，故云盛德在木。"立春之际，草木萌动，所以木气便有孕育与润泽万物的作用，《古三坟·人皇神农氏归藏易爻卦大象》曰："木气生，生归孕，生藏害，生动勋阳，生长元胎，生育泽，生止性，生杀相克。"《吕氏春秋·应同》："及禹之时，天先见草木秋冬不杀。禹曰：'木气胜。'木气胜，故其色尚青。"夏禹之时，草木秋冬并不凋零，被认为是木气旺盛的缘故，所以夏朝的服色崇尚青色。

太阳运行至黄经 315 度时，即为立春，属于农历正月节令。从公历 2 月 4 日前后开始，每五日为一候，立春共有三候：

立春初五日，一候东风解冻。《焦氏易林·离之恒》："东风解

冻，和气兆升，年岁丰登。"带着暖意的东风吹来，大地开始解冻，万物借着东风生发，为生机勃勃的春天埋下了伏笔。

立春又五日，二候蛰虫始振。《焦氏易林·解之困》："万物初生，蛰虫振起。益寿增福，日受其喜。"再五日，入冬以后蛰伏于洞内的各类虫蚁开始慢慢苏醒，生机盎然的美好时节已经不远。

图1-1 迎春花

立春后五日，三候鱼陟负冰。《大戴礼记·夏小正》："陟，升也。负冰云者，言解蛰也。"立春节气的最后五日，河里的冰开始慢慢融化，鱼儿到水面上游动，水面上还有没融尽的碎冰，如同被鱼背着一样漂浮。

《逸周书·时训解》有："风不解冻，号令不行；蛰虫不振，阴气奸阳；鱼不上冰，甲胄私藏。"如果东风不能消解冰冻，那么号令就不能执行；如果冬眠动物不活动，是阴气冲犯了阳气；如果鱼儿不上浮到碎冰的水面，预示民间有私藏铠甲、头盔等武器的事情。

一气验平均

自古以来，节气首先是指导农耕生活的，所以占候是每个节气几乎必备的内容。

首先，可以根据立春的日期预卜年景。《探春历记》中关于"立春占候"有这样的记载："甲子日立春，高田丰稔，水过岸一尺。春雨如钱，夏雨调匀，秋雨连绵，冬雨高悬"；"丙子日立春，高乡丰稔，水过岸一尺。春雨多风，夏雨平田，秋雨如玉，冬雨连绵"；"戊子日立春，高乡丰稔，水过岸一尺。春雨连梅，夏雨寸岸，秋风不厚，冬雪难期"；"庚子日立春，低处熟，高乡不熟，水悬岸七寸。春雨来迟，夏雨过时，秋雨平岸，冬雨成池"；"壬子日立春，高低熟，水平岸。春雨出鼠，夏雨渐来，秋雨无定，冬雨雪灾。"

其次，可以根据"立春"日的天象占卜灾祸。《易说》中有"立春气当至，不至则多疾疢"的说法，也就是说，立春这天，阳气应该来到，如果不到，人间就会多病灾。《师旷占》曰："立春日雨，伤五禾"，意思是说，立春那天如果下雨，这一年禾苗就要受伤害。很多地方的人都认为立春喜晴，清时江苏地区便有这样的记载，《东青四时田园杂兴》写道：

　　立春晴日最难逢，田父耕耘意欲慵。丰稔可期欣预兆，雨旸时若慰三农。

　　占节候丰稔歌有云："但得立春晴一日，农夫不用力耕田。"

最后，可以根据立春日与年节的关系预卜。"百年难遇岁朝春"，年节当天立春是非常吉利的事情。一年中如果有两个立春日也主吉利，如吉林省磐石市民谚有："一年打两春，黄土变成金"，不过一些地方则认为一年两春主气候温暖，如浙江云和县民谚有："两春夹一冬，无被暖烘烘。"

春盘齐争巧

立春之日，民间有将生菜、春饼等放于盘中并馈赠亲友的习俗，称为"送春盘"，取迎春之意。

据传，"春盘"源自汉魏的"五辛盘"，即在盘中盛上五种带有辛辣味的蔬菜，作为凉菜食用。《风土记》中记载："元旦，以葱、蒜、韭、蓼、蒿芥，杂和而食之，名五辛盘，取迎新之意。"

《荆楚岁时记》注曰："五辛，所以发五藏之气。"明代李时珍在《本草纲目》中解释说："五辛菜，乃元旦、立春以葱、蒜、韭、蓼、蒿、芥，辛嫩之菜杂和食之，取迎新之意。"由此可知，准备"五辛盘"一方面取"辛"与"新"谐音的象征性意义，一方面还包含运行气血、发散邪气的积极作用。所以，唐宋以来，立春日亦食"春盘"，正是顺应节气的饮食习俗。唐代杜甫诗云"春日春盘细生菜"，宋代苏轼诗也有"青蒿黄韭试春盘""喜见春盘得蓼芽""蓼芽蒿笋荐春盘"等说法，可见"春盘"仍是蓼芽、蒿、笋、韭等蔬菜。大约那时农人们还没能掌握暖棚技术，所以度过没有新鲜蔬菜的寒冬之后，人们对于刚刚初生的青菜尤其热爱。因此，春盘不仅供自家享用，也在亲朋好友之间互相馈赠，算是交际礼俗的一个方面，亦如杜甫《立春》诗中所说："盘出高门行白玉，菜传纤手送青丝。"

唐宋时还有一种"春盘"，是用绫罗假花或金鸡玉燕插在盘中做成陈设品，表达对春天的期望。唐人欧阳詹《春盘赋》写道：

多事佳人，假盘盂而作地，疏绮绣以为珍。丛林具秀，百卉争新。一本一根，叶陶甄之妙致；片花片叶，得造化之穷神。

日惟上春，时物将革。柳依门以半绿，草连河而欲碧。室有慈孝，堂居斑白。命闻可续，年知暗惜。研秘思于金闺，同献寿乎瑶席。昭焉斯义，皙矣而明春。是敷荣之节盘，同馈荐之名。始曰春兮，受春有未衰之意，终为盘也，进盘则奉养之诚。觇观表以视中，庶无言而见情。懿夫繁而不挠，类天地之无巧；杂且莫同，何才智之多工。

　　这段文字细致地描写了人们用罗帛剪制出各种生动鲜艳的花卉，缀接到假花枝并插于盘中，制造出满盘春色。而据《武林旧事》记载，南宋宫内会在立春这一天造办春盘，翠缕红丝、金鸡玉燕，不仅有各种新蔬，而且点缀有贵重的工艺品，并分赐给皇亲重臣。如此奢侈的春盘，作用多是渲染节日气氛。

　　民间春盘依然多是以食用为主，人们也将享用春菜的过程称为"咬春"或"尝春"——就是吃一些新鲜的野味，感受春天的气息，除了各种蔬菜汇集的"春盘"，还有"春饼"。春饼又叫荷叶饼，是一种烫面薄饼，主要用来卷菜吃，旧时也是"春盘"的一部分，宋代《岁时广记》引唐代《四时宝镜》载："立春日食芦菔、春饼、生菜，号春盘。"从宋到明清，吃春饼之风日盛，且有了皇帝在立春向百官赏赐春盘、春饼的记载。

　　元代入主中原的少数民族也开始流行立春吃春盘的习俗，耶律楚材有《立春日驿中作穷春盘》诗曰：

　　　　昨朝春日偶然忘，试作春盘我一尝。木案切开银线乱，砂瓶煮熟藕丝长。

　　　　匀和豌豆揉葱白，细剪蒌蒿点韭黄。也与何曾同是饱，区区何必待膏粱。

　　明代《燕都游览志》载："凡立春日，（皇帝）于午门赐百官春饼。"到清代，伴春饼而食的菜更为丰富。清《燕京岁时记·打春》中记载："是日富家多食春饼，妇女等多买萝卜而食之，曰咬春，谓可以却春困也。"除了春饼，萝卜也是"咬春"的食物。河北《新河县志》载："立春日，以红、白萝卜切作细丝，和以五

辛，谓之春盘。"山西《阳城县志》所载："民间茹萝卜、面饼，即荐辛，取春生之意也。"至今，十三陵地区的康陵村，还有传统的春饼宴沿袭下来。

春幡迎风舞

春幡，最初是迎春仪式中立起的竹竿上挂着的长条形旗帜，古时春幡单用青色。后来，立春日民间用彩纸剪出各种春天动植物形象作为装饰，有春花、春燕、春柳、春凤等等，或贴在门窗屏风上，或戴在头上，也称"春幡"或"幡胜""彩胜"，也有迎春之意。

从晋朝开始，人们一般会在人日（正月初七）这天，剪彩为花、剪彩为人或镂金箔为人，来贴屏风，也戴在头发上。西晋傅咸《燕赋》云：

> 四时代至，敬逆其始。彼应运于东方，乃设燕以迎。至翚轻翼之歧歧，若将飞而未起。何夫人之工巧，式仪形之有似。御青书以赞时，著宜春之嘉祉。

这里描写的即是燕子形状的彩胜。《荆楚岁时记》载曰："立春之日，悉剪彩为燕戴之，帖宜春二字。"荆楚地区的女性会在立春之日用五彩的丝帛等材料，剪成一个幡胜，插戴在头上。可见女性立春佩戴彩胜的习俗最迟始于汉末魏晋，从此历代沿袭。至唐宋时，皇帝于节日颁赐臣下，以示庆贺。

立春时节，女性可以佩戴各种漂亮的"彩胜"，其中"幡胜"是一枚银簪，簪尾悬一长方形银片，与古时迎春所立旗幡一样。宋代高承《事物纪原·岁时风俗·春幡》载："《后汉书》曰立春皆青幡帻，今世或剪彩错缉为幡胜，虽朝廷之制，亦镂金银或缯绢为之，戴于首。"说的即是旗幡与戴幡之间的联系。宋代辛弃疾有一首《汉宫春·立春日》，描述了人们戴春幡迎春的样子：

　　春已归来，看美人头上，袅袅春幡。无端风雨，未肯收尽余寒。年时燕子，料今宵梦到西园。浑未办，黄柑荐酒，更传青韭堆盘。

　　却笑东风，从此便薰梅染柳，更没些闲。闲时又来镜里，转变朱颜。清愁不断，问何人会解连环。生怕见花开花落，朝来塞雁先还。

据《武林旧事》记载，宋代王公大臣的春幡由"文思院"用金银制造，一般的士大夫、平民百姓则剪纸为春幡。宋元时期，幡胜亦有"闹娥儿""斗蝶""闹嚷嚷""长春花""象生花"等各种。明代《酌中志》："（立春之时）有用草虫蝴蝶者，或簪于首，以应节景。"《宛署杂记》："戴'闹嚷嚷'，以乌金纸为飞娥、蝴蝶、蚂蚱之形，大如掌，小如钱，呼曰：'闹嚷嚷'。大小男女，各戴一枝于首中，贵人有戴满头者。"清代刘如兰《闻邑竹枝词》记载了当地人迎春的佩饰：

　　春鸡绚彩闹蛾华，几度灯前手剪纱。明日迎春郎去否，新成一串水荭花。

　　　注：俗于迎春日，杂剪彩丝作鸡及水荭花簪帽上，游毕投之河流。妇人则绉帛作仙人杂剧、麟凤虎鹿，背粘白鸡氄毛，如云气，曰闹蛾簪。

图1-2　春鸡

现在，赣南客家人仍然用彩色绸布剪制春幡，形象则有春花、春燕、春柳、春凤等等。除了女性佩戴春幡之外，小儿也戴春幡于手臂，男左女右，作为立春的标志。在山东、河南、江苏的一些地区，则保留着立春给小儿"戴春鸡"的习俗。"春鸡"是用彩色棉布和棉花缝制成的公鸡饰品，钉在儿童的衣袖或帽子上，佩戴时要求男左女右，寓意吉祥。另外，在山西灵石，立春用绢做成小孩形状，俗名"春娃"，也多给儿童佩戴。

土牛助春耕

依照节气到来的时间，在特定的方位举行隆重的迎气仪式，是古老的时令仪式，其中立春甚是隆重。《礼记·月令》云：

> 立春之日，天子亲帅三公、九卿、诸侯、大夫，以迎春于东郊。还反，赏公卿诸侯大夫于朝。命相布德和令，行庆施惠，下及兆民。庆赐遂行，毋有不当。

立春之前，周天子会进行三天斋戒，并于立春当日亲率三公、九卿、诸侯大夫到东郊迎春。汉朝继承周制，在立春日，皇帝率大臣到东郊迎接春气，祭祀勾芒（不同文献中也写作"句芒"）。勾芒，为古代木神（或春神），主管草木生长，辅佐东方上帝太皞，

《淮南子·天文训》记曰："东方，木也，其帝太皞，其佐句芒，执规而治春。"勾芒神长着人的头和鸟的身体，还有自己的坐骑，《山海经·海外东经》谓其："鸟身人面，乘两龙。"郭璞注："木神也，方面素服。"《后汉书·祭祀》："立春之日，迎春于东郊，祭青帝句芒。车服皆青。歌青阳，八佾舞云翘之舞。"服饰颜色仍与"木气"相应。之后，皇帝迎春的仪礼一直沿袭，唐代《通典》记载：

> 北齐制，立春日，皇帝服通天冠、青介帻、青纱袍，佩苍玉、青带、青裤、青袜舄，而受朝于太极殿，西厢东向。尚书令等坐定，三公郎中诣席，跪读时令讫，典御酌卮酒，置郎中前，郎中拜，还席伏饮，礼成而出。

迎春服饰颜色依旧，只不过这里迎春礼是在皇帝的宫殿内举行。明朝前期，北京地方官员在立春前一天，要在东直门外春场举行盛大的迎春仪式。除了举行相应的仪式之外，朝廷也会进行一些抚恤和宽慰的工作，以顺应阳气上升的时令，促进万物萌动和生长，比如《汉书·谷永杜邺传》记载："立春，遣使者循行风俗，宣布圣德，存恤孤寡，问民所苦。"随后，律法中开始规定从立春至秋分不得奏决死刑，认为这是违背春生阳气规律的做法。

迎春礼虽然是官方主导的活动，但民间一直都积极参与，原因在于此礼多为祷告农事顺遂，自然是老百姓祈盼的。春天是播种的季节，因此官方祭祀十分看重立春日在农业生产方面的提示意义，《太平御览·时序部》有曰：

若立春在十二月望，则策牛人近前示其农早也。立春在十二月晦及正月朔，则策牛人当中示其农平也。立春近正月望，则策牛人近后，示其农晚也。天子乃与公卿大夫共饬国典，论时令，以待来岁之宜。

这就是官方根据立春节气到来的时间统筹指导或是安排农人们的耕作了，所以迎春礼中也设置土牛、耕人，目的即在于示耕劝农，不误良时，《论衡·乱龙》载："立春东耕，为土象人，男女各二人，秉耒把锄；或立土牛，未必能耕也，顺气应时，示率下也。"

立春时造土牛以劝农耕，象征春耕开始，《后汉书·礼仪》："立春之日，夜漏未尽五刻，京师百官皆衣青衣，郡国县道官下至斗食令史，皆服青帻，立青幡，施土牛耕人于门外，以示兆民，至立夏。"代表春耕意义的土牛一直要放到立夏，整个春天过去才行，因此也被称为"春牛"。西汉时期，鞭春牛风俗已相当流行，《盐铁论》中有"发春而后，悬青幡而策土"的记载。唐代诗人元稹《生春》诗曰："鞭牛县门外，争土盖蚕丛"，说明人们不仅鞭春牛以祈春耕，而且认为鞭打下来的土屑有助于养春蚕。宋代鞭春牛更加普遍，《东京梦华录》："立春前一日，开封府进春牛入禁中鞭春。"而为了弥补了人们未抢到土牛的遗憾，集市上还出现了专门仿效制作的小春牛，引得人们争相购买，或互相馈赠以求吉祥如意，如《岁时广记》载："立春之节，开封府前左右百姓，卖小春牛，大者如猫许，清涂板而牛立其上；又或加以泥为乐工，为柳等物。其市在府南门外，近西至御街。贵家多驾安车就看，买去相赠遗。"

元虽为蒙古族建立，但宫廷中亦有鞭春牛的习俗，据《析津志》记载：每年立春前，太史院先要奏报立春具体日期，并且由宛平县或大兴县准备春牛、句芒神等；立春前三天，太史院、司农司请中书省宰辅等官员一同在大都齐政楼（钟鼓楼）南迎接太岁神牛；立春当天清晨，"司农、守土正官率赤县属官具公服拜长官，以彩杖击牛三匝而退。土官大使送句芒神入祀。"

清代著名文学家孔尚任在平阳（今山西临汾）生活了三个月，大约经历了冬春两季，其《平阳竹枝词》中一组"迎春词"便生动地记载了当地立春的盛景：

催花羯鼓响沉沉，早吃汤圆喜不禁。老懒能教春打动，自知不是土牛心。

太守衙前缚彩棚，春官春吏把衣更。青旗引道滔滔去，人似东流水上萍。

城楼高处立逡巡，满眼繁华万井新。独有西南城角路，无人从教柳伤春。

舆夫肩上冷飕飕，走出东门市尽头。何处先看春富贵，路人都指亢家楼。

坊门药酒肯遮留，红上衰颜不怕羞。偎依花丛看仔细，春鞭打着也风流。

阴医僧道驿巡仓，头踏排来十里长。都插春花都上轿，官员扮作第三行。

马上驮来舞袖红，真娘小字似雷轰。摇鞭指颐多相识，野老何曾放眼中。

巍峨影壁对神楼，无限风光此处收。粉黛围中停不得，匆

忙过去却回头。

大中楼下四门通，乡俗梳妆各不同。人到街心如转磨，东西南北看春风。

行行队队过公堂，拜献讴歌让教坊。管领春风官得意，乌纱尽戴亦何妨。

各为春情闹不休，劝农巧借古题头。谁家吃打谁家戏，世上堪怜是土牛。

羊裘黑染灶煤尘，千里来看晋地春。官长能容屏后立，白头不是落时人。

乾隆年间《临汾县志》关于岁时的内容记载："立春前一日，妆春事，戴春花，迎土牛，以送寒气。"这简单的一句话在孔尚任笔下显然更为具体和丰富，其中诸如"早吃汤圆"等风俗，都是后来的人不十分熟悉的。

有司谨春事

民间的立春活动虽没有官方仪式那样浩大，但更加生动有趣。人们重视的是春天与丰收的联系，"报春"就是丰收信息的民俗预报。报春在立春前就开始了，有人扮作春官，带着木刻印制的《春牛图》，走村串户报春。浙江宁波一些地方报春人手持小铜牛沿门唱春歌，主人一般将报春人迎进庭院，报春人拿着青铜小牛在米缸、谷仓上左绕三圈、右绕三圈，边绕边唱"黄龙盘谷仓，青龙盘米缸"等歌词，并分送印有句芒神与二十四节气的春牛图。主人要以钱物酬谢。在奉化报春从立春日开始，报春人由乞丐充任，他们牵着涂有乌漆的木牛挨户送春牛图报春。他们边送边说"春牛到门庭，今年交好运。春牛耕烂田，今年大熟年"等吉利话。每当乞丐牵着木牛出现，旁边总是围满了孩子，大人会让孩子摸摸春牛，说摸过春牛的手会勤劳灵巧，会攒钱，会端满饭碗，还会心田老实，待人忠厚。

报春也伴随着游戏与娱乐，在湖北称为"说春"与"讲春"。湖北黄陂每逢立春前后，就有人下乡说春并兜售句芒神春牛。说春人红袍纱帽，敲着小锣，似说非说，似唱非唱，内容大都是吉利话，主人家要以米酬谢。春官一般口齿伶俐，善于即景唱说。有的人家境不好，不愿给春官报酬，见了春官赶快关门，春官就唱："一见春官把门闩，交了霜降打脾寒。"四川宜宾珙县春官一手拿着打狗棍，一手拿着红纸春词，游走乡间"说春"。在西北地区也有唱春习俗，山西的春官由乐户充任。春官的诙谐与笑骂成为乡村春日的娱乐。游走乡村的春官，成为春天乡野的一道风景。

贵州石阡的说春活动，仍然在民间传承。这里的春官，立春

图1-3　《梦书祭春牛文》（清孙家鼐等编《钦定书经图说》）

期间，手托春牛，走家串户，派送春帖。春官在门口就开始说唱春词："远看财门大呀大地开，步步登高到呀府里来，来到贵府无呀别的事，特为主家送呀春里来。"春官以碎步来回走动的方式演唱春词，春词讲究韵律，其格调喜庆吉祥，可以说唱历史、神话、伦理故事、劳动、生活等，不能说男女私情。春官身兼报春使者与劝课农桑的双重职责，这在少数民族村寨还具有提示农时的意义。

现代中国春神祭祀与迎春仪式，已经相对寥落，但在部分地域的民间社会仍有传承，引人瞩目，被列入国家非物质文化遗产名录。

九华立春祭是浙江省衢州市柯城区九华乡的立春祭祀句芒的仪式。在衢州九华乡外陈村有一座梧桐祖殿，供奉的主神是句芒，神像用整株桐木雕刻而成，民间称句芒为"梧桐老佛"。每年立春日举行祭祀庙会，举行立春祭祀民俗活动。主要活动内容有：祭拜春神句芒、迎春接福赐求五谷丰登、供祭品、扮芒神、焚香迎奉、扎春牛、演戏酬神、插花、踏青等，构成了衢州地方特有的立春庙会形式。2011年，九华立春祭被列入第三批国家级非物质文化遗产名录；2016年，以"九华立春祭"等为代表的中国"二十四节气"被列入联合国教科文组织人类非物质文化遗产代表作名录。

"班春劝农"是浙江遂昌传统迎春文化形式。"班春"即颁布春令，"劝农"是劝农事，策励春耕。明代著名文学家、戏剧家汤显祖任遂昌知县时，通过下乡走访，在开春前选定了具有典型意义的产粮田畈，制备花酒、春鞭、耒耜，精选壮牛，派衙役让各乡里组织人员，在班春劝农这天到现场参加观礼。那时

图1-4　九华立春祭祀的春神

图1-5　祭祀春神的馒头供品

图1-6　九华梧桐神庙前的迎春接福的摆供

起，"班春劝农"成为每年春天县衙鼓励农人春耕生产的一项重要活动，并传承至今。一到立春时节，家家户户都备香烛、制旗幡、做花灯、糊"春牛"、做春饼，备足牲畜祭祀用品敬谢"春神"。2011年，"班春劝农"被公布为第三批国家级非物质文化遗产名录拓展项目；2016年，以"班春劝农"等为代表的中国"二十四节气"被列入联合国教科文组织人类非物质文化遗产代表作名录。

新桃换旧符

春节，在古代称为岁首、正旦、元日、元旦等，通常会在立春前后的时间段进行庆祝。春节在民俗中称为大年，大年的核心内容是除旧迎新，新年在传统社会有着重要的时间意义，是一元

复始、万象更新的时刻。无论朝野贵贱，无论男女老少，人们都要回归家庭，团聚在祖宗牌位前，共享新年。

正月初一，汉代称为正日，宋代称为元日，明清称为元旦，俗称新年。元旦是一年之首，作为岁首它在年度生活中具有特别重要的地位，岁首民俗极为丰富。

岁首朝贺，始于汉朝，明朝亦重视元旦朝贺之仪，不仅京官要早朝朝贺，地方官也要拜贺，《西湖游览志余·熙朝乐事》有曰："正月朔日，官府望阙遥贺，礼毕，即盛服诣衙门，往来交庆。"民间清晨迎来新年后，人们也会互相贺年、拜年，顺序是先家内，后家外。明代北京元日拜年盛行朝野上下，陆容《菽园杂记》载："京师元日后，上自朝官，下至庶人，往来交错道路者连日，谓之拜年。"清朝中期，北京人贺年、拜年之俗，沿袭明朝。清晨，士民之家，着新衣冠，肃佩带，祭神祀祖，焚烧纸钱，阖家团拜后，出门拜年贺节。有"具柬贺节"，有登门揖拜，即使路上亲友相遇，也要下车长揖，口颂"新禧纳福"。北京拜年贺节的节日食品十分讲究，《帝京岁时纪胜》载：

> 镂花绘果为茶，十锦火锅供馔。汤点则鹅油方补，猪肉馒首，江米糕，黄黍饦；酒肴则腌鸡腊肉，糟鹜风鱼，野鸡爪，鹿兔脯；果品则松榛莲庆，桃杏瓜仁，栗枣枝圆，楂糕耿饼，青枝葡萄，白子岗榴，秋波梨。萍婆果，狮柑凤桔，橙片杨梅。杂以海错山珍，家肴市点。

即使不是近亲密友，也要举酒三杯。当时俗话说："新正拜节，走千家，不如坐一家。"

正月初五，破五、送穷、接财神。正月初五在明朝尚未作为重要的时间点，根据明人文集与地方志，一般没有说到初五，只在福建有初五"得宝"之说。《五杂俎》中曰："闽中俗不除粪土，至初五日，辇至野地，取石而返，云'得宝'"。清朝中期以后，初五逐渐得到重视。在北京初五之内不得以生米做饭，妇女不得出门，至初六妇女才可以往来祝贺。初五称为"破五"。正月初五在清代还是送穷日，康熙《解州志》载："正月五日，缚纸妇人，衾夜出之街衢，曰'送穷'"。初五在南方是财神日。清代苏州初五祭祀路头神，说初五是财神五路的诞日。初五这天人们争先早起，敲起金锣，燃响鞭炮，摆上牺牲供品，迎接路头神。谁先接神，谁就得到利市。蔡云《吴歈》云：

> 五日财源五日求，一年心愿一时酬。提防别处迎神早，隔夜匆匆抢路头。

路头神来源于古代行神，将行神奉作财神大约是清朝江南人的创造。江南城市商业发达，商品货物的往来流通无不倚重交通，物畅其流，也就财运亨通，所以传统的道路之神，也就变化为主管财运的财神。《吴郡岁华纪丽》中曰："五路者，为五祀中之行神，东西南北中耳。求财者祀之，取无往不利也。"在苏州无论贫富贵贱初五都要祭祀财神。这天市井开市贸易。上海，初五接财神，有人挑担上街卖鲜鲤鱼，称为"送元宝鱼"，晚上喧闹喝酒，名曰"财神酒"。初五，在南北有着不同的习俗表现，无论是送穷，还是祭祀财神，都表达着人们祈求生活富裕的愿望。

图1-7　元旦贺年（《年节习俗考全图》中英文版）

第二节　雨水好时节

雨水是春季的第二个节气，同时也是孟春的第二个节气。《释名》云："雨，水从云下也。雨者，辅也，言辅时生养也。"《月令七十二候集解》也说："正月中，天一生水。春始属木，然生木者必水也，故立春后继之雨水。且东风既解冻，则散而为雨矣。"春生万物，植物需要雨露的滋润才能够成长。

太阳运行至黄经330度时，即为雨水，属于农历正月中气。从公历2月19日前后开始，每五日为一候，雨水共有三候：

雨水初五日，一候獭祭鱼。雨水之日，水獭开始捕鱼，然后将鱼摆在岸边如同先祭后食的样子。《礼记·王制》曰："孟春之月，獭祭鱼，然后虞人入泽梁。"郑玄注："梁，绝水取鱼者。""虞人"，古时掌管山河、苑囿、畋牧之事，人们跟随着水獭的节奏，也开始进入河湖打鱼。

雨水又五日，二候鸿雁来。五天过后，大雁开始从南方飞回北方。《通典·诸杂祠》中说："东晋哀帝欲于殿前鸿祀，以鸿雁来为候，因而祭之，谓之鸿祀。或曰：'鸿，大也。鸿雁初来，必将

大祀。'侍中刘遵等启称：'此唯出大传，不在六籍，刘向、郑玄虽为其训，自后不同。前代以来，并无其式。'"

雨水后五日，三候草木萌动。又五天过后，小草、树木等开始发芽，绿意盎然的春天已然悄悄地来临。

《逸周书·时训解》有："獭不祭鱼，国多盗贼；鸿雁不来，远人不服；草木不萌动，果疏不熟。"意为如果水獭不摆放鱼儿，国内将多发盗贼；如果鸿雁不向北飞来，远方之人则不臣服；如果草木不萌芽生长，瓜果蔬菜不会成熟。

好雨当春生

雨水时节，人们普遍认为有雨是吉利之事，当然人也会根据物候降雨、刮风等情况进行一些预测。

旧时，华南地区还有"占稻色"的习俗。所谓"占稻色"就是通过爆炒糯谷，来占卜是年稻收获的丰歉。成色足意味着高产，成色不足意味着产量低，而"成色"的好坏，就看爆出的糯米花的多少：如果爆出来的糯米花越多，则是年稻的收成越好；如果爆出来的糯米花少，则意味着是年稻米的收成不好。南宋时期，爆炒糯谷多在上元节前后进行，范成大在《吴郡志》中提到："爆糯谷于釜中，名孛娄，亦曰米花。每人自爆，以卜一岁之休咎。"他在《上元纪吴中节物俳谐体三十二韵》一诗中曰："捻粉团栾意，熬秫膈膊声。"后注："炒糯谷以卜，俗名孛娄，北人号糯米花。"元代娄元礼《田家五行》记载了当时华南稻作地区"占稻色"的习俗："雨水节，烧干镬，以糯稻爆之，谓之孛罗花，占稻色"，"孛罗"即"孛娄"。明代李诩《戒庵老人漫笔》中录有一首"爆孛娄诗"曰：

东入吴门十万家，家家爆谷卜年华。就锅抛下黄金粟，转手翻成白玉花。

　　　　红粉美人占喜事，白头老叟问生涯。晓来妆饰诸儿女，数片梅花插鬟斜。

　　这时的"爆孛娄"不仅能预卜庄稼收成，还能占喜事、问生涯，所以一直流传至明清。清代李调元《南越笔记》"茶素"一条中有"广州之俗，岁终以烈火爆开糯谷，名曰炮谷"。这里的爆糯谷已经逐渐开始发展成为节令食物，慢慢地成为随时都能产出的爆米花。

　　其次，预测天气：根据雨水来预测，如"雨水有雨百日阴""雨水落了雨，阴阴沉沉到谷雨""雨水阴，夏至晴""雨水无雨，二月暖""雨水无水多春旱"；根据冷暖来预测，如"冷雨水，暖惊蛰""暖雨水，冷惊蛰"；根据风来预测，如"雨水东风起，伏天必有雨"等。

　　雨水有雨是大吉，农谚"雨水有水，农家不缺米""雨水有水年成好，雨水无水收成少""雨水不落，下秧无着"说的都是这个道理。赣南客家在雨水前后的正月十六、十七日晚上，以晴、雨来占卜是年早稻的丰歉："雨打残灯

图1-8　《九歌劝民图》（清孙家鼐等编《钦定书经图说》）

碗，早禾一把杆；雨打上元宵，早禾压断腰。"也就是说，如果交雨水节时刻在正月十五元宵节，则是年早稻一定丰收在望；如果在正月十六、十七交雨水并且下雨，则那一年的早稻收成一定不好，只见稻草、不见稻穗。农人还要根据雨水时节的天气特点，进行田间管理工作，如"雨水到来地解冻，化一层来耙一层""立春天渐暖，雨水送肥忙""七九八九雨水节，种田老汉不能歇"等。

郊原雨水时

在很多地方，雨水跟耕作的关系密切，却不是一个具有深厚人情趣味的节气，但在川西民间，雨水这天有着独具文化意义的民俗活动——拉保保。

拉保保，四川方言，即给孩子认干爹、干妈的意思，干爹即为保爷、保爹，干妈即为保娘（需未婚者）。拉保保，属于民间拜寄行为，主要是为了护佑孩子健康、茁壮地成长，很多地方并不固定时间。

川西民间在雨水节拉保保（主要是认干爹），取"雨露滋润"之意。雨水这天，要拉保保的父母准备好酒菜、香蜡、纸钱，带着孩子在人群中找认干爹的对象：如果希望孩子长大有知识，就找知识分子；如果孩子身体瘦弱，就找高大强壮的人。一旦有人被拉着当"干爹"，大多都会爽快地答应，认为是别人的信任。找到后父母会叫："打个干亲家"，然后摆好准备的酒菜、香蜡等，叫孩子磕头拜干爹，并请干爹喝酒吃菜，拉保保就算成功了。川西民间还有一种拉保保，称为"撞拜寄"，即事先没有预定的目标，撞着谁就是谁，"撞拜寄"的目的主要是让孩子健康成长。

雨水这天，川西民间还有回娘屋的习俗，即女儿女婿带着礼物回娘家探望父母。女儿女婿带回家的礼物有两类：一是两把藤椅，上面缠着一丈二尺长的红带，称为"接寿"，意思是祝父母长命百岁；二是"罐罐肉"，就是用砂锅炖猪脚和大豆、海带等，再用红纸、红绳封住罐口给父母送去，意思是感谢父母的养育之恩。如果是新婚夫妇回娘屋，父母要回赠女婿雨伞，让他出门奔波时遮风挡雨。久婚不孕的女儿回娘屋时，母亲会为其缝制一条红裤子，穿到贴身处，据说可使其尽快怀孕生子。

灯火闹元宵

"一年明月打头圆"，元夜良宵，月光如水。新年的第一个月圆之夜，通常在雨水节气里，在民俗生活中有着不寻常的意义。现今的元宵节南北各地人们大多仍挂灯笼、吃汤圆（元宵），看元宵晚会，元宵节虽然同样是年节结束的庆祝日，但其节俗的浓烈程度已有所衰减。

古人在对日月的观察中，很早就发现了月亮圆缺的时间规律，感受到月亮盈亏的变化对自然物候与人生命节律的影响。因此以月亮的变化作为计时的历法依据，形成了影响深远的太阴历的历法体系。有关太阴历的影响无须多说，只要大家看看传统社会初一、十五的朔望祭祀活动，就十分清楚。应该说望日（月圆之时）的确定，早于朔日，朔日需要推算，望日却一目了然，因此把望日作为时间的起点，是挺自然的事。在太阴历中新年大概在望日。道教的"三元"节以正月十五日、七月十五日、十月十五日三个望日为节期，虽然它表述的是道教的时间体系，但并不是任意杜撰的，它是对历史上曾经有过的时间体系的改造与借鉴。由于人们观察能力的进步与生活方式的变化，太阳历在中国上古时期逐渐占据优势地位。太阴历因为与农事关系的疏离，逐渐退居次要位置，但朔望月一直成为后世历法的基础。中国自有历史记载以来一直使用阴阳历，阴阳历将回归年与朔望月两个不同的时间周期加以协调，使人

们的时间生活既符合月度变化，又合乎四季流转的节律。在阴阳历中朔日成为时间的起点，望日地位下降。但望日曾为岁首的民俗影响依然存在。正月望日地位的凸显是在汉代中期以后，汉武帝太初历的颁行为元宵、元夕节地位的奠定提供了契机。太初历是阴阳合历的历法，它采用夏历建寅的方式，将正月定为一年之首月，正月一日为元正，正月十五日晚上升起的自然是新年的第一轮圆月，这就是元夕的意义。元夕（元宵节）处在新岁之首，其地位因此超过一般的望日。

元宵节俗的形成有一个较长的过程，虽然太初历颁行之后，元宵节有了发展的契机，但作为一个民俗大节，它的出现还要有适宜的社会历史条件。据一般的文献资料与民俗传说，正月十五（元宵节）在西汉已受到重视，汉武帝正月上辛夜在甘泉宫祭祀"太一"的活动，被后人视作正月十五祭祀天神的先声。不过，正月十五真正成为民俗节日是在汉魏之后。东汉佛教文化的传入，对于形成元宵节俗有着重要的推动意义。《西域记》称印度摩揭陀国正月十五日会聚僧众，"观佛舍利放光雨花"。汉明帝为了表彰佛法，下令正月十五日夜，在宫廷和寺院"燃灯表佛"。因此正月十五夜燃灯的习俗随着佛教文化影响的扩大及道教文化的加入逐渐在中国扩展开来，六朝隋唐时期正月望夜的灯火愈烧愈望。当然元宵节俗的真正动力是因为它处在新的时间点上，人们充分利用这一特殊的时间点来表达自己的生活愿望。

在传统社会，节日是一项态度严肃、规则鲜明的社会游戏，人们习惯性地遵守着节日的游戏规则，参与到节日活动中。元宵节的民俗与除夕相对应，除夕夜是关门团年，在新旧时间转换的过程中，人们暂时中断了与外界的联系，处于静止状态；元宵夜与之相对，人们以喧闹的户外游戏，打破静寂，"元宵闹夜"成为明显的节俗标志。

"闹元宵"之"闹"就生动地映射出元宵节俗活跃的文化精神，元宵节的锣鼓、元宵节的灯火、元宵节的游人编织着元夕的良宵美景，构成了中国传统节俗的独特景观。元宵节的"闹"，是多种节俗形式的合奏。最突出的是声音与色彩。

元宵节的喧闹主要有两种声音：一是以锣鼓为主的响器声。锣鼓是庆祝节日必备的道具，节日气氛的营造离不开锣鼓，正月十五是春节的高潮，锣鼓敲得更响。没有锣鼓或锣鼓不够用时，人们将能发声的器皿也敲起来，湖北孝感有"正月半，敲铁罐"的谚语。清代苏州元宵节也是热闹非凡，顾禄《清嘉录》中写道："元宵前后，比户以锣鼓铙钹，敲击成文，谓之闹元宵，有跑马、雨夹雪、七五三、跳财神、下西风诸名。或三五成群，各执一器，儿童围绕以行，且行且击，满街鼎沸，俗呼走马锣鼓。"二是歌舞游乐的人声。元宵节是民间歌舞的盛大演出日，除一般通行的舞龙、舞狮的节目外，南北地方在元宵节期间都献演乡村戏剧，北方的秧歌戏，南方的花鼓戏、采茶戏都是元宵节常演的剧目。东北地区将乡民化妆作剧，称为"太平歌"；河南及湖南、湖北地区称为"妆故事"。河南洛阳"歌楼鳞次，丝管嘈杂，灯下设杂剧百戏，游人填塞街衢"。锣鼓喧闹、歌舞杂戏是元宵节俗的主要"声"源。

元宵锣鼓与太平歌舞在今天看来，主要是烘托了节日气氛，是游戏娱乐，但其原始意义与腊鼓、傩仪一样，是具有巫术意味的节俗活动，其目的在于驱傩逐疫、召唤春天与苏醒大地。所以在一些民国地方志的民俗记述中，说到闹元宵习俗时，总免不了说上一句"即乡人傩之意"。当代青海互助土族自治县的土族在元宵夜有三项

活动：跳火牙、妆瘟和观灯。前两项与驱邪有关，其中"妆瘟"有着明显的驱傩意义。人们选择年轻精悍、能歌善舞的小伙装扮成护法金刚等神的模样，在众人敲锣打鼓的护送下，挨家挨户串行。然后各家各户点燃一个巨型火把，送到村外事先指定的空地堆起来，以表示把所有的瘟疫烧掉。由此看来，它与古代腊日"索宫中之鬼"的逐除仪式有着相同或近似的文化特性。清代京城儿童玩耍的"打鬼"游戏同样有着驱邪的象征意义。

元宵节是色彩鲜明的节日，元宵节的色彩除了游人、表演者的衣着打扮华丽光鲜外，主要是灯饰。灯是元宵节的主要节俗标志之一，人们常以灯节名之。

元宵张灯习俗起源早，扩布广。它来源于上古以火驱疫的巫术活动，后世民间正月十五以火把照田、持火把上山等部分地保存了这一习俗的古旧形态。随着佛家燃灯祭祀的风习流播中土，元宵燃火夜游的古俗，逐渐演变为元宵张灯的习俗。隋炀帝杨广《正月十五日于通衢建灯夜升南楼》诗说：

法轮天上转，梵声天上来。灯树千光照，花焰七枝开。

明显地将张灯与佛教联系起来。但是张灯在乡村民间仍主要是祈福的意义，唐人段成式在《观山灯献徐尚书》诗序中说："襄城连年丰收，及上元日，百姓请事山灯，以报穰祈祉也。"

元宵张灯习俗与城市夜生活的兴起密切相关，市井民俗的显著特点之一是好奇慕异。隋唐以前正月十五夜张灯的记述稀少，梁人宗懔的《荆楚岁时记》在记述荆楚地方正月十五节俗时，没有提到张灯之事。到了隋朝，京城与州县城邑的正月十五夜，已经成为不眠之夜。隋人柳彧在一封请求禁止正月十五侈靡之俗的奏疏中说：
"窃见京邑，爰及外州，每以正月望夜，充街塞陌，聚戏朋游。鸣
鼓聒天，燎炬照地。人戴兽面，男为女服，倡优杂技，诡装异形。"
由此可见，隋朝时期京城与外地的州府上元灯火已开始兴起。张灯
习俗的大扩展是在唐宋时期，唐朝不仅在京城制作高达八十尺、光
映百里的"百枝灯树"，还将张灯时间延至三夜。十四、十五、十六
三夜取消了通常的宵禁，让人们彻夜自由往来，所谓"金吾不禁"。
唐初诗人苏味道在《正月十五夜》诗序中说："京城正月望日，盛
饰灯火之会，金吾弛禁，特许夜行，贵游戚属及下俚工贾，无不夜
游。"接着苏味道咏赞了唐代元宵节的灯火盛况与游乐场景，"火
树银花合，星桥铁锁开。暗尘随马去，明月逐人来。游伎皆秾李，
行歌尽落梅。金吾不禁夜，玉漏莫相催。""元宵"作为节名大约
也出现在唐代，韩偓有诗为证："元宵清景亚元正，丝雨霏霏向晚倾。"

　　宋朝城市生活进一步发展，据《东京梦华录》记载，元宵灯火
更为兴盛。帝王为了粉饰太平，"与民同乐"，元宵节亲登御楼宴
饮观灯，"山楼上下，灯烛有数十万盏。"张灯的时间也由三夜扩
展到五夜。新增十七、十八两夜，最初在限于京师开封府，后来地
方州郡纷纷效法，成为通例。宋朝灯笼制作较唐朝更为华丽奇巧，
灯品繁多，元宵灯市琳琅满目，据《西湖老人繁胜录》记载，南宋
临安女童将诸色花灯，"先舞于街市"，以吸引买者。中瓦南北茶
坊内挂诸般琉珊子灯、诸般巧作灯、福州灯、平江玉棚灯、珠子
灯、罗帛万眼灯；清河坊至众安、桥有：沙戏灯、马骑灯、火铁
灯、象生鱼灯、一把蓬灯、海鲜灯、人物满堂红灯等。除此之外，
"街市扑卖，尤多纸灯"。由此可以想见当时元宵灯节的红火。

　　元宵放灯在宋朝受到统治阶层的鼓励，成为粉饰太平的娱乐形

式。因此一些地方官为了制造本地的太平景象，以行政命令的手段，强制要求百姓无论贫富一律张灯若干，给人们增加了不必要的负担。《晁氏客语》就记载了这样一件事情，蔡君谟在任福州太守时，上元节命令民间每家张灯七盏。当时有一位读书人，做了一盏丈余长的大灯，灯上题诗一首："富家一盏灯，太仓一粒粟；贫家一盏灯，父子相对哭。风流太守知不知，犹恨笙歌无妙曲!"蔡太守十分羞愧，只好下令罢灯。

宋元易代之后，元宵节依然传承，不过灯节如其他聚众娱乐的节日一样受到限制。明代全面复兴宋制，元宵放灯节俗在永乐年间延至十天，京城百官放假十日。民间观灯时间各地不一，一般三夜、五夜、十夜不等。江南才子唐寅《元宵》一诗，写出了元宵灯月相映之妙：

> 有灯无月不娱人，有月无灯不算春。春到人间人似玉，灯烧月下月如银。

明代中期以后城市经济有较大的发展。作为市井生活重彩的元宵节，在当时有着生动的表现。这一番对灯会的描写，真令人赏心悦目。清代的元宵灯市依旧热闹，只是张灯的时间有所减少，一般为五夜，十五日为正灯。北京元宵的灯火以东四牌楼及地安门为最盛。其次是工部、兵部，东安门、新街口、西四牌楼"亦稍有可观"。花灯以纱绢、玻璃制作，上绘古今故事，"以资玩赏"。冰灯是清代的特殊灯品，由满人自关外带来。据富察敦崇《燕京岁时记》中说，这些冰灯"华而不侈，朴而不俗"，极具观赏性。

元宵节的色彩还表现在飞腾的焰火上。焰火，也叫烟火，兴起于宋朝，当时皇宫观灯的高潮是施放烟火，"宫漏既深，始宣放烟火百余架，于是乐声四起，烛影纵横。"明清焰火品类繁多，有盒子、花盆、烟火杆子、线穿牡丹、水浇莲、金盆落月等，"竞巧争奇"，焰火施放时呈现出一派"银花火树，光彩照人"的艳丽场景。民间同样"架鳌山，烧旺火，张灯放花，群相宴饮"，名之为"闹元宵"。

元宵的声响与色彩共同烘托着元宵节日的气氛。正是这样热闹的场景吸引着乡村、城市的居民，他们纷纷走出家门，看戏、逛灯、走百病、闹夜，连平日隐藏深闺的女子这时也有了难得的出游机会。"男妇嬉游"是元宵节特有的人文景观。

司马光是有名的礼法之士，一次，他的夫人在元宵夜打扮着准备出门看灯，司马光说："家中点灯，何必出看？"夫人回答说："兼欲看游人。"司马光说："某是鬼耶?!"男女相看的"看人"，是宋明以后在传统社会中稀见的机会，平时限制在各自的封闭的时空中的人们，是难得有聚会的日子的。正月元宵是一年中唯一的"狂欢"节，人们在这一时间打破日常秩序的约束，实现着本性的感官的愉悦。人们祈求婚姻的美满，子嗣绵延，身体的康健与年岁的丰收。

从元宵节的性质看，元宵大概属于阴性节日，虽然道教将其作为天官诞辰的上元节，天官赐福成为元宵节俗的一部分。但除了一些地区比较突出天官信仰外，在中国大部分地区人们很少有像对待佛教信仰那样，有很多与其相关的活动。人们以极为世俗的行为表达自己对美好生活的愿望。妇女是元宵节的主要角色，这可能与月亮的阴性有关。

唐宋以来，妇女是城市元宵夜的一道风景，她们或登楼赏月看灯，或走出家门走桥玩耍，"了不畏人"。"月上柳梢头，人约黄昏后"的故事常常在元宵夜上演。明代北京妇女身着白绫衫，结伴

夜游，名为"走桥"，也称"走百病"，据说元宵夜走一走没有腰腿病。人们到各城门偷摸门钉，以祈子嗣，名为"摸门钉儿"。太平鼓彻夜喧闹，有跳百索的、有耍大头和尚的、有猜谜语的，不分男女聚观游乐。福建元宵节如同京师有十夜灯会。富人家庭的妇女乘轿出行，贫者步行，从数桥上经过，谓之"转三桥"。

妇女的结伴嬉游、妇女的游戏节目以及妇女拜祭的神灵，都不同程度地体现了妇女的生活愿望。贵州黄平部分苗族正月十五过偷菜节，姑娘公开"偷"菜，做白菜宴，谁吃得多，谁就能早日找到如意郎君，同时她养的蚕最壮，收获的蚕茧也最多最好。台南元夕，人们也有"偷"的习俗，没有出嫁的女子以偷得他人的葱为吉兆，民谚说："偷得葱，嫁好公；偷得菜，嫁好婿。"

妇女拜的"姑娘"神，南方多称为"紫姑""戚（七）姑"，北方多称"厕姑""坑三姑"。姑娘神是妇女诉求的对象，《荆楚岁时记》说："是夕，迎紫姑以卜蚕桑，并占众事。"从紫姑的司职看，她主要是蚕桑神，在传统社会采桑养蚕是乡村女性的本业之一，因此蚕桑神自然选择了女性。传说的紫姑出身低贱，是一位人们易于接近的神灵，人们向她问年成，问婚姻、问休咎。其实紫姑与古代的先蚕有关，先蚕是古代王室供奉的蚕神，古代王后亲督蚕功，先蚕因此地位显贵，其原型大约是传说中的黄帝之妃西陵氏。直到民国时期部分地区中仍有"是日祀先蚕"的民俗，养蚕人在此月开始育种。先蚕与紫姑之间有着隐秘的文化联系，六朝时期一则紫姑与"后帝"牵连的传说，也大约能证明紫姑与古代王家蚕神的亲缘关系。拜紫姑神是元宵节俗活动的一个有机组成部分，有关紫姑的信仰虽然不及天官隆重，但它更贴近民众生活，因此它的影响更持久、广泛。

吃元宵是元宵节的一个重要节俗。明清时正月十五吃元宵成为时尚。明朝京城在初九之后，就开始吃元宵。元宵用糯米细粉制成，圆形，内包核桃仁、芝麻或桂花白糖为馅。江南称为"汤团"。苏州人称为"圆子"、杭州人称为"上灯圆子"。在祭祀完祖先之后，家人老乡一起享用圆子，取其团圆的意义。当代中国无论南北，正月十五吃元宵已成为时尚。街头流行一种"摇元宵"的习俗，即将做好的馅心，放在大箩中的干粉上摇晃，粘上粉，洒水，再摇，越滚越大，最后成形。摇元宵的过程也是一个民俗展示的过程，它为元宵节增添了节日气氛。

元宵节的节俗意义与岁首密切相关，这不仅因为它在时间上与元日连接，是年节的一个有机组成部分，如民谚所说："三十的火，十五的灯"；同时它传承了古代太阴历的岁首部分习俗。因此，在元宵节时年节民俗浓郁。如果说春节是一台由家庭向乡里街坊逐次展开的社会大戏的话，那么元宵节就是这台大戏的压轴节目，它是社区民众情感、意愿、信仰的集中表现。由于是特定时日的特定社会表演，因此元宵之夜在民众社会生活中具有狂欢的性质。

在社会急剧变革的当代，传统元宵节所承载的节俗功能已被日常生活消解，人们逐渐失去了共同的精神兴趣，繁复的节俗已简化为"吃元宵"的食俗。其实元宵节这样一个历史悠久、影响广泛的民族节日，它有着相当丰富的文化内涵。从其社会娱乐的形式看，就有着充分利用的文化价值，在当今日益个性化的社会生活中，如果我们利用元宵节这一文化资源，有意识地为城市居民拓展社交娱乐的空间，鼓励广大市民踊跃参与，让传统的"闹元宵"变成城市社区的"狂欢节"，这对于传承民族精神、稳固社会秩序也有其特定的社会意义。

第三节　惊蛰春雷起

惊蛰是春季的第三个节气，同时也是仲春的第一个节气。历史上，惊蛰亦称为"启蛰"，《大戴礼记·夏小正》曰："正月启蛰，言始发蛰也"。汉景帝名启，因此为了避讳而将"启"改为"惊"字，南宋王应麟在《困学纪闻》中解释："改启为惊，盖避景帝讳。"同时，孟春正月的"惊蛰"与仲春二月的"雨水"的顺序也被置换：立春——启蛰——雨水转换为立春——雨水——惊蛰，也就成了现在的二十四节气的顺序。唐代以后，"启"字之讳已无必要，"启蛰"的名称重新被使用。但由于习惯，唐代施行的大衍历再次使用了"惊蛰"一词，并沿用至今。

《月令七十二候集解》记曰："二月节，万物出乎震，震为雷，故曰惊蛰，是蛰虫惊而出走矣。"惊蛰之前，动物冬藏伏土、不饮不食，一旦到了惊蛰时节，雷声惊醒蛰居的动物，生机勃勃的春天即将到来。大地回暖、草木返青、蛰虫苏醒，人们从这个时候起，开始了一年的忙碌。

太阳运行至黄经 345 度时，即为惊蛰，属于农历二月节令。从公历 3 月 5 日前后开始，每五日为一候，惊蛰共有三候：

惊蛰初五日，初候桃始华。桃花是春天的自然物候现象，《礼记·月令》有："仲春之月……桃始华"。惊蛰当月，桃花始开，"桃之夭夭，灼灼其华"。

惊蛰又五日，二候仓庚鸣。仓庚，亦作"仓鹒"，即黄莺。《诗经·豳风·七月》中有："春日载阳，有鸣仓庚。"惊蛰时分，黄莺始鸣，圆润嘹亮，韵律有致。

惊蛰后五日，三候鹰化为鸠。鸠，郑玄注《月令》时认为是"搏谷"，即杜鹃，而段玉裁注《说文解字》时认为是"五鸠"，即斑鸠类。杜鹃、斑鸠和鹰都是迁徙类动物，它们都与小型鹰有着相似的外表。古人在不同节气看到相似外表的鸟类，还没有意识到是迁徙的结果，以为是互相转化。冬日飞往南方的鹰成了春日飞回北方的斑鸠，便是惊蛰前后看到的"鹰化为鸠"。

《逸周书·时训解》有："桃不始华，是谓阳否。仓庚不鸣，臣不□主。鹰不化鸠，寇戎数起。"意即如果桃树不开花，说明阳气闭塞；如果黄鹂不唱歌，臣下不服从君王；如果老鹰不化为布谷鸟，贼寇屡屡发生。

图1-9　桃花

耕种惊蛰起

惊蛰前后是田间劳作的重要时间段，农谚有"过了惊蛰节，春耕不能歇""九尽杨花开，农活一齐来""到了惊蛰节，锄头不停歇"，等等。惊蛰在农事上有着非常重要的意义，它被视为春耕开始的日子。

在农耕地区，第一声春雷几时打响在农人们眼里是很重要的，因为可以推测未来天气和收成情况："雷打惊蛰前，四十九天不见天""未到惊蛰雷先鸣，必有四十五天阴"，如果在惊蛰前打雷，这一年的雨水就特别多，容易造成低温阴雨天气；"雷打惊蛰前，高山好种田"，一旦到了山区，自然与平原不同，雨水虽然很多，但是农田比较容易排水；"惊蛰闻雷米如泥""惊蛰雷鸣，成堆谷米"，如果雷在惊蛰当天响起，农田里面不管种的是什么都会大丰收。

图1-10 洒灰（清焦秉贞《御制耕织图》）

惊蛰时节，冬眠中的蛇虫鼠蚁都会被惊醒，逐渐遍及田野，或殃害庄稼，或滋扰生活，给人们的生产和生活带来很多危害，所以人们常常在惊蛰时节进行驱赶活动。《千金月令》曰："惊蛰日，取石灰糁门限外，可绝虫蚁。"一般认为，石灰具有杀虫的功效，惊蛰这天洒在门槛外，虫蚁一年之内都不敢上门。清光绪元年《曲江县志》载："惊蛰日，撒石灰于壁间，以压蚁，炒米粒果而食。"《中华全国风俗志·广东》记载：

大埔有一处奇俗，名曰炒惊蛰。每年到是日晚间，家家皆取黄豆或麦子，放在锅中乱炒，炒后并春，春后又炒，反复十余次而后已。其原因，盖大埔地方，有一种小小之黄蚁，凡人家所藏糖果等食，必蜂聚而食。俗云，是晚炒了豆麦等物，则黄蚁可以除去也。炒黄豆及麦子之时，口中并念道："炒炒炒，炒去黄蚁爪；春春春，春死黄蚁公"也。

如今，这些习俗在很多地方仍有流传，如山东部分地区，惊蛰当天人们会在庭院之中生火炉烙煎饼，意为用烟熏火燎杀灭虫蚁；江西部分地区，惊蛰日农人会将谷种、豆种及各种蔬菜种子放入锅中干炒，谓之"炒虫"，可保五谷丰收，不受虫害；陕西部分地区，人们要炒豆，将用盐水浸泡后的黄豆放在锅中爆炒，可以发出噼噼啪啪的声音，寓意虫子在锅中受热煎熬发出的声音。

云南部分地区，惊蛰是旧历的二月节，民间有咒骂鸟雀之俗，认为这样做的话直至稻子成熟，鸟雀都不敢来啄食庄稼。咒骂鸟雀需要走遍自家田间，随行敲鼓，边敲边唱咒雀词："金嘴雀，银嘴雀，我今朝来咒过，吃着我的稻谷子烂嘴壳。"浙江宁波地区，农家视惊蛰为"扫虫节"，人们会拿着扫帚到田里举行扫虫仪式，期待将一切害虫都扫干净。湖北土家族民间有"射虫日"，惊蛰前后在田地里用石灰画出弓箭的形状以模拟射虫的仪式。

此外，在惊蛰这个时间段里的很多物候现象都对应着相关的农事活动，农人要根据节气安排自己的耕作："春雷惊百虫"，惊蛰天气开始转暖，温暖的气候容易导致多种病虫害，所以应及时搞好病虫害防治工作；"桃花开，猪瘟来"，惊蛰开始，桃花盛开，病毒、细菌也开始滋生，这个时候家禽家畜也容易得病，所以家禽家畜的防疫工作要引起重视；"惊蛰不耙地，好比蒸馍走了气"，惊蛰时分冬小麦开始返青，土壤仍然冻融交替，及时耙地可减少水分蒸发，保持好的收成。

桃李争春开

惊蛰时节，万物复苏，也是各种病毒和细菌开始活跃的季节。此时，人体内的阳气渐升，阴血相对不足，而且气候乍暖还寒，早晚温差较大，很容易生病。

图1-11　桃李争春

开春时节的气温依然偏低且略干燥，应多吃生津润肺的食物，所以惊蛰当日民间有吃梨的习惯。梨在古代有着"百果之宗"的美誉，人们甚至认为有些梨吃了可以成仙，《神异经》曰："木梨生南方，梨径三尺，剖之少瓢白素。和羹食之地仙，可以水火不焦溺矣。"五代至北宋初年的徐铉写有《赠陶使君求梨》的诗：

昨宵宴罢醉如泥，惟忆张公大谷梨。

白玉花繁曾缀处，黄金色嫩乍成时。

冷侵肺腑醒偏早，香惹衣襟歇倍迟。

今旦中山方酒渴，唯应此物最相宜。

古人吃梨，不仅仅是为了享用这种汁多味美的果实，也是因为注重梨良好的养生效果。梨性寒味甘，《本草纲目》说其能够"润肺凉心，清痰降火，解疮毒酒毒"，可令五脏和平，以增强体质。如今，山西一带还流传有"惊蛰吃了梨，一年都精神"的民谚。

惊蛰时节，桃花始盛，因此人们此时也会利用桃花做些食疗。《本草纲目》记载：桃花味苦、性平、无毒。入药可除水气，以茶饮之可使面色润泽。桃花晒干泡茶喝可以排毒，采新鲜桃花浸酒饮用使容颜红润，桃花捣烂取汁涂于脸部来回揉擦，对黄褐斑、黑斑、面色晦暗等有较好的效果。西汉时期，民间有一种"桃花汤"，主治虚寒血痢证，《伤寒论》曰：

> 少阴病，下利便脓血者，桃花汤主之。赤石脂一斤，一半全用，一半筛末，甘温；干姜一两，粳米一升，甘平。上三味，以水七升，煮米令熟，去滓，温服七合。内赤石脂末方寸匕，日三服。若一服愈，余勿服。

《神农本草经》谓此药"主泄痢，肠澼脓血"，《名医别录》认为其能"疗腹疼肠澼，下痢赤白"，中医现将其用于痢疾后期、伤寒肠出血、慢性肠炎、溃疡病、带下等属于脾肾阳虚者。

古时，桃花还与美丽相关，因此也与女性的妆容有一定的联系。南朝梁简文帝《初桃》中"悬疑红粉妆"一句对桃花的描写开启了以桃花比喻女性妆容的先河。随着时代与文化的发展，桃花与女性的关系愈益密切，隋朝出现了以"桃花面""桃花妆"命名的装束，后来成为唐朝年轻女子极为青睐的一种妆容。宋代《事物纪原》卷三"妆"条："周文王时，女人始传铅粉；秦始皇宫中，悉

红妆翠眉，此妆之始也。宋武宫女效寿阳落梅之异，作梅花妆。隋文宫中红妆，谓之桃花面。"明代《说略·服饰》言"美人妆"即"面既傅粉，复以胭脂调匀掌中，施之两颊，浓者为酒晕妆，浅者为桃花妆。"桃花妆，主要有底妆、眉妆、腮红、唇妆等四步骤：打底妆即敷铅粉做出能让皮肤散发透亮自然的光泽；眉妆要将眉毛画得像细细弯弯的月亮形状，称"却月眉"；腮红，是画桃花妆最需要大肆铺张的地方，以纯正的桃红色在脸颊上大面积地打上腮红；画唇形时，要画得比原来的嘴唇还小一圈，俗称"樱桃小口"。

雷神伐鼓日

一雷惊蛰始，惊蛰与雷声相关，因为人们听到雷声就知道春天已经来临了。古时，人们会在这天祭祀雷神，祈求一年的农耕生活顺顺利利。

《周礼·韗人》说："凡冒鼓必以启蛰之日"，其注曰："惊蛰，孟春之中也，蛰虫始闻雷声而动；鼓，所取象也；冒，蒙鼓以革。"韗人是古代负责制造皮鼓的工匠，他们造鼓时一定要在惊蛰这天蒙鼓皮，当是受惊蛰雷声起的影响。传说早期雷神的形象就是人头龙身的怪物，敲打它的肚子会发出雷声，《山海经·海内东经》有曰："雷泽中有雷神，龙身人头，鼓其腹则雷。"也有说雷神名叫"夔"，曾与黄帝大战，战败后其皮被做成了鼓：

东海中有流波山，入海七千里，其上有兽，状如牛，苍身而无角，一足。出入水则必风雨，其光如日月，其声如雷，其名为夔，黄帝得之，以其皮为鼓，橛以雷兽之骨，声闻五百里，以威天下。

后来，人们对于雷神的形象有着各种各样的描述：《酉阳杂俎》说其"猪首，手足各两指，执一赤蛇啮之"；《搜神记》说其"色如丹，目如镜，毛角长三尺余，状如六畜，头如猕猴"；《夷坚志》说其"长三尺许，面及肉色皆青。首上加帻，如世间幞头，乃肉为之，与额相连"。总之，雷神形象不定。惊蛰这天，人们认为有雷神在天庭敲击天鼓，于是民间也利用这个时间蒙鼓皮，以顺应天时。后来，为了祈求风调雨顺，家家户户都会贴上雷神的画像，摆上供品祭祀，或者直接去庙里烧香祭拜。

在各地客家人心中，雷神地位崇高，有俗谚云："天上雷公，地下舅公"，说的就是天上的雷神和人间的舅父的重要地位和作用。客家地区虽然难觅专门的雷神庙，各种庙观里却几乎都供奉着雷神。客家人在惊蛰这天专门祭祀雷公，以祈求一年人畜平安。此外，在壮族人民中也流行"天上最大是雷公，地下最大是舅公"的俗谚，因为在壮族传统的婚姻缔结过程中，舅父权力很大，甚至起决定性作用。除此之外，壮族还有雷公禁婚的习俗。人们普遍认为：农历八月至新年二月是雷公关门睡大觉的日子，这个时间段里的人间社会是太平盛世，人们应当选在这个时间筹办婚事。一旦到了三月至七月，天上不时雷声轰隆，这便预示着雷公此时经常出门行事，所以禁止人间办婚事。如有违反者，就要受雷公处罚，婚事不会顺当，家庭也不会幸福。因此，这段时间人们一般不相亲，不订婚，也不结婚。

在有些地方，还有惊蛰祭白虎的习俗。

"白虎星"本为天上星宿，在先秦星宿观念中白虎被视作四灵之一，汉代五行学说兴起，四象合于五行，西方白虎又多了象征五行中金行的意义。《论衡·物势》："东方、木也，其星仓龙也；西

方、金也，其星白虎也；南方、火也，其星朱鸟也；北方、水也，其星玄武也。天有四星之精，降生四兽之体，含血之虫，以四兽为长。"巴人崇拜白虎，以白虎为图腾，因其先祖廪君死后魂魄化为白虎，后代奉祀。

但是，也有的地方认其为凶星，遇之不吉，所以应该算是非之神。明代《大六壬指南》卷五有云："白虎：主凶灾、血光、惊恐。"清代《协纪辨方》卷三引《人元秘枢经》："白虎者，岁中凶神也，常居岁后四辰。所居之地，犯之，主有丧服之灾。"也就是俗语所云的"丧门白虎"或"退财白虎"。民间传说白虎星君每年都会在惊蛰这天出来觅食，如果遇上它，一年之内会遭小人兴风作浪。所以，大家便在惊蛰祭白虎：用纸绘制白老虎像，再以猪血喂之，使其吃饱后便不再出口伤人，然后再将生的猪肉抹在纸老虎的嘴上，不能张口说人是非。除了在惊蛰之日进行此仪式外，粤剧新台搭成时亦会上演"祭白虎"的神功戏，旨在辟邪，以保演出顺利，也称"破台"。古时戏班四处演出，一到陌生的地方便会举行"破台"仪式，与惊蛰祭白虎一样，用意都是驱邪，只不过粤剧是由演员扮虎。

在广东和香港地区，惊蛰这天有"打小人"的仪式。"小人"是指那些喜欢挑拨离间、惹是生非的人，也象征无缘无故惹来的是非或厄运。通过"打小人"的仪式，人们可以消灾解困、化险为夷。

第四节　春分天道均

　　春分是春季的第四个节气，同时也是仲春的第二个节气。春分是我国古代最早被确定的节气之一。《左传·襄公九年》记载："陶唐氏之火正阏伯居商丘，祀大火，而火纪时焉。相土因之，故商主大火"，后大火星都被注为"心星"，即心宿二（天蝎座 α 星），并用"大火星伏见南中"代表季节。大火星是明亮的一等星，每年到了昼夜等长（春分）时，太阳落下，大火星恰从东方地平线上升起，代表寒冷渐去。此后，黄昏时大火星越来越高，数月后达到正南方，随后越来越低，时至昼夜等长（秋分）时，大火星便隐而不见。因此，人们通过年复一年地观察大火昏见来确定春天。《春秋繁露·阴阳出入上下》记有："至于仲春之月，阳在正东，阴在正西，谓之春分。春分者，阴阳相半也，故昼夜均而寒暑平。阴日损而随阳，阳日益而鸿，故为暖热初得。"

　　太阳运行至黄经 0 度时，即为春分，属于农历二月中气。从公历 3 月 21 日前后开始，每五日为一候，春分共有三候：

　　春分初五日，初候玄鸟至。玄鸟即燕子，是冬去春来的候时之

鸟，《大戴礼记·夏小正》："玄鸟也者，燕也。"

春分又五日，二候雷乃发声。春雨渐多，雷也开始发出声音。古时有将鼓声认作春分之音的说法，大概源自于此。《淮南子·天文训》："春分则雷行"，《说文解字·鼓》中有曰："鼓：郭也。春分之音，万物郭皮甲而出，故谓之鼓。从壴，支象其手击之也"。

春分后五日，三候始电。《象说卦气七十二候图》曰："电者，阳之光，阳气微则光不见，阳盛欲达而抑于阴。其光乃发，故云始电。"伴随着春雨、春雷，开始出现闪电。

《逸周书·时训解》有："玄鸟不至，妇人不娠。雷不发声，诸侯失民。不始电，君无威震。"如果燕子不来，妇女不会怀孕；如果春雷发不出响声，诸侯国丧失百姓；如果不出现闪电，君王就没有威严。

春色分半过

春分一到，意味着春季过半了。《月令七十二候集解》有曰："春分二月中，分者半也，此当九十日之半，故谓之分。"自立春算起至立夏结束，一共大约有九十天的时间，而春分日正处于春季中间。春分之日，太阳几乎直射地球赤道，各地基本上昼夜等长。春分过后，太阳直射点继续由赤道向北半球推移，北半球各地白天开始越来越长，夜晚越来越短，直到夏至白天长度达到极致。

"吃了春分饭，一天长一线。"我国不少地方都很讲究春分的这一饭：湖南安仁会将多种草药与猪脚、黑豆等熬成药膳食之，叫草药炖猪脚，是强身的美味；广东阳江会采集百花叶，舂成粉末与米粉和一起做汤面食之，认为可解毒；广西则有吃春菜、喝春汤的做法，春菜即野苋菜，将新鲜野苋菜洗净切段，加鸡蛋或鱼片，做成"春汤"，民间有"春汤灌脏，洗涤肝肠，阖家老少，平安健康"的说法；江苏南京也会做"春汤"，不过当地的春菜是包含了七八种野菜的，不仅仅指野苋菜。

"春分日，酿酒拌醋，移花接木"，春分这天也是很多地方酿酒的佳期，浙江《于潜县志》载：当地"春分造酒贮于瓮，过三伏糟粕自化，其色赤，味经久不坏，谓之春分酒"。

"春分麦起身，一刻值千金"。天气转暖，农人们也迎来了农忙季节。很多地区的民谚显示农人是会根据春分时期气候情况来预测未来的。比如，通过降雨来预测未来天气："春分有雨到清明，清明下雨无路行""春分阴雨天，春季雨不歇""春分日有雨，秋分日大水"；通过气温来预测未来天气："春分不暖，秋分不凉""春分不冷清明冷"；通过刮风来预测未来天气："春分西风多阴雨""春分刮大风，刮到四月中""春分大风夏至雨""春分南风，先雨后旱""春分早报西南风，台风虫害有一宗"；通过降雨来预测未来年景："春分有雨是丰年"，等等。

古时，春分还有种戒火草的习俗。南朝宗懔所著《荆楚岁时记》中记载："春分日，民并种戒火草于屋上。有鸟如乌，先鸡而鸣，'架架格格'，民候此鸟则入田，以为候"，可见当地人一到春分时节就要下田耕作，足见人们对防备火患的重视。人们春分这天在屋顶上栽种戒火草，就整年不必担心有火灾发生了。

"春分到，蛋儿俏。"每年春分这一天，各地民间流行"竖蛋游戏"：选一个光滑匀称、刚生下四五天的鸡蛋，把它在桌上竖起来。在古时人们的观念之中，春分这天太阳直射在赤道上，南北半球昼夜时间相同，因此是一个重要的平衡点，所以蛋站立的稳定性最好。根据这种平衡点的观念，春分前后还是传统社会校准度量衡的时间段，《礼记·月令》载曰："日夜分，则同度量，钧衡石，角

斗甬，正权概"。

春分时节，燕子呢喃，也是人们尽情享受春光的大好时候，所以春游是此时颇受欢迎的休闲活动。但是由于春色太美又很短暂，人们在欣赏美景的同时也会感到惋惜与伤感，唐代钱起《赋得巢燕送客》中写道："含情别故侣，花月惜春分。"触景生情、感时而发，除了农忙的人们，文人对节气也有着时间消逝的感怀，这使得节气的人文情怀昭然笔下。

春分礼当先

春分以后，万物生长、阳气勃发，古时春分时节，人们会进行一系列的祭祀活动，这其中包括祭祀太阳神、冬神、生育神以及马祖神。《太平御览·时序部·春》有相关记载：

图1-12　太阳神（禄是道《中国民间信仰研究》1918年英文版）

春分之日，玄鸟至，雷乃发声，祀朝日于东郊，春分日祭之。献羔开冰，谓立春藏冰，在春分方温，故献羔以祭司寒，而后开冰。《春秋传》曰：日在北陆而藏冰，西陆朝觌而出之，先荐寝庙。祠高禖，昔高辛氏之代，玄鸟遗卵，简狄吞之而生高辛氏，后王以为禖官嘉祥而立其祠焉。祭马祖。谓仲春祭马祖于大泽，用刚日。无竭川泽，无漉陂池，无焚山林。顺阳养物也。蓄水曰陂，穿地通水曰池。

　　古时春分最盛大的祭祀活动是作为国家盛典的祭日仪式，祭日，也称朝日，通常在春分日祭于东门之外，因为在早晨祭拜，所以称为朝日。祭日是国家大典，古时皇帝必亲祭，《通典·朝日夕月》中记载："武帝太康二年，有司奏：春分朝日，寒温未适，不可亲出。诏曰：'顷方难未平，今戎事已息，此礼为大。'遂亲朝日。"国家祭日典礼一般在东郊举行，后根据需要也建造了专门的场所：

　　　　后周以春分朝日于国东门外，为坛，如其郊。用特牲、青圭有邸。皇帝乘青辂，及祀官俱青冕，执事者青弁。司徒亚献，宗伯终献。燔燎如圜丘。

　　　　隋因之。开皇初，于国东春明门外为坛，如其郊。每以春分朝日。又于国西开远门外为坎，深三尺，广四丈；为坛于坎中，高一尺，广四尺。

　　《通典·朝日夕月》中的这些记载详细地描述了国家祭日的地点、规格和祭品等。明清两朝，春分祭日的场所即是现存于北京的日坛。据《金史·礼志一》载："春分朝日于东郊"，明嘉靖时实行四郊分祀，建立朝日坛，即今天北京日坛的原型。明代皇帝祭日时，要奠玉帛、礼三献、乐七奏、舞八佾，行三跪九拜大礼。清代皇帝祭日礼仪有迎神、奠玉帛、初献、亚献、终献、答福胙、车馔、送神、送

图1-13　朝日坛祭器（《皇朝礼器图式》）

燎等九项议程。据《清实录》记载，光绪三十年（1904），光绪帝亲祀，应该是清王朝最后一次皇帝祭日。

图1-14　北京春分祈福

2011年3月21日（春分），已中断160余年的日坛祭日典仪在北京日坛公园举行，整场祭日典仪根据清乾隆年间文献记载，分为卤簿仪仗、乐舞和祭坛礼仪三部分，无论是祭祀音乐、舞蹈、礼仪表演，还是服装乐器等道具都最大限度还原了清乾隆年间的祭日典仪。自此开始，祭日表演成为北京市各类民俗文化节的主要活动。

《帝京岁时纪胜》云："春分祭日，秋分祭月，乃国之大典，士民不得擅祀"，可见祭日活动的严肃性。但是，由于受阴阳五行观念的影响，民间也有自己的祭日活动。《燕京岁时记》里说："春分前后，宫中寺庙皆有大臣致祭。世家大族，亦于是日致祭宗祠"，普通百姓不能参加日坛举行的祭日典礼，但是会去东直门外的太阳宫或各土地庙进行祭祀。普通百姓春分祭日时，要用太阳糕为祭物，太阳糕是将米面团擀成薄薄的小圆饼状，五枚一层，有的最上面驮着一只面团捏成的小鸡。《燕京岁时记》载："市人以米麦团成小饼，五枚一层，上贯以寸余小鸡，谓之'太阳糕'，都人祭日者买而供之，三五具不等"，《帝京岁时纪胜》记载得最为详细：

图1-15　卖太阳糕（19世纪《京城市景风俗图》）

京师于是日以江米为糕，上印金乌圆光，用以祀日，绕街遍巷，叫而卖之，曰"太阳鸡糕"。其祭神云马，题曰"太阳星君"。焚帛时，将新正各门户张贴之五色挂钱，摘而焚之，曰"太阳钱粮"。左安门内有太阳宫，都人结侣携觞，往游竟日。

除祭日之外，还有扫墓、祭祀土地神等活动。很多地方春季的扫墓活动也从春分开始，一直延续到清明时节。春分扫墓的习俗并不是大范围的民俗活动，其一大致出现在西北地区甘肃青海一带，至清明前结束。古代的"社日"（古代农民祭祀土地神的日子）就在春分前后，《礼记·月令》曰："仲春择元日，命人社。为祀社稷也。春事兴，故祭之，祈农祥。元日谓近春分前后戊日。"此时，人们有上坟祭祀的习惯，同时要祭祀土地之神，这一习俗唐宋时期很盛行，州有州社、国有国社，曾有很多诗词来描述此景，唐代诗人权德舆《二月二十七日社兼春分端居有怀简所思者》诗中写道：

清昼开帘坐，
风光处处生。
看花诗思发，
对酒客愁轻。
社日双飞燕，
春分百啭莺。
所思终不见，
还是一含情。

图1-16　稷播百谷（清孙家鼐等编《钦定书经图说》）

如今，很多地方仍流行春分祭祖的民俗。广东省茂名信宜市钱排镇钱上村的客家梁氏春祭；四川三台黎曙萧氏大宗祠春分祭祖；福建龙岩上杭县稔田镇官田村的李氏大宗祠春日祭祖，等等。除了祭祀血缘祖先，春分还会祭祀其他神灵。比如，湖南安仁地区的"赶分社"的传统民间盛会，包含有开药市、备农耕、吃药膳等习俗。2014年，农历二十四节气"安仁赶分社"经国务院批准列入第四批国家级非物质文化遗产代表性项目名录；2016年又作为中国二十四节气中的重要组成部分列入联合国人类非物质文化遗产代表作名录。

春分时节，古时还要祭祀司寒。司寒是古代传说的冬神，出自

《左传·昭公四年》："黑牡、秬黍以享司寒"，杜预注曰："司寒，玄冥，北方之神"，杨伯峻注曰："据《礼记·月令》，司寒为冬神玄冥。冬在北陆，故用黑色。"昭公四年（前538）春，天下冰雹，季武子（春秋时鲁国正卿）向申丰（春秋时鲁国大夫）询问说："冰雹可以防止吗？"申丰说："圣人在上面，没有冰雹。即使有也不成灾。在古代，太阳在虚宿和危宿的位置上就藏冰，昴宿和毕宿在早晨出现就把冰取出来。当藏冰的时候，深山穷谷，凝聚着阴寒之气，就在这里凿取。当把冰取出来的时候，朝廷上有禄位的人，迎宾、用膳、丧事、祭祀，就在这里取用。当收藏冰的时候，用黑色的公羊和黑色的黍子来祭祀司寒之神。当把冰取出的时候，门上挂桃木弓、荆棘箭，来消除灾难。冰的收藏取出都按一定的时令。"《通典·享司寒》中详细描写了藏冰的时令："月令：'仲春，天子乃献羔开冰，先荐寝庙。'谓立春藏冰，至春分，方温，故献羔以祭司寒，而后开冰。先荐寝庙而后食之。"古时立春之后开始藏冰，春分后冰稍做温化可以分割之后颁赐给众人，于是祭祀司寒后开冰。

古时春分还会祭祀生育之神，并将燕子视为此神的化身，《太平预览·羽族部·燕》中记曰："天命玄鸟，降而生商，宅殷土茫茫。玄鸟，乙鸟也。春分鸟降。汤之先祖有娀氏女简狄配高辛，与之祈于郊禖，而生契。故本以玄鸟至而祠焉。茫茫，大貌也。"古时，人们认为燕子是主繁殖的鸟，而春分是"玄鸟"即燕子从南方飞回来的日子，所以人们在这一天祭祀高禖、祈求生育。

春分祭祀马祖也是古时仪礼。早在周代，官方就规定了祭祀马神的制度，《通典·礼·马政》有"周制，夏官校人掌王马之政。……春祭马祖，执驹。夏祭先牧，颁马攻特。秋祭马社，臧

仆。冬祭马步，献马，讲驭夫。"马祖是天驷，是马在天上的星宿；先牧是开始教人牧马的神灵；马社是马厩中的土地神；马步为马灾害的神灵。隋唐都以四时祭马神，宋代以马祖等马神祭典为小祀，明成祖朱棣迁都北京，即命在莲花池建马神祠，由官方礼祭，马神庙开始遍布各地。清代有了马神祭日，马神亦被简化，称为马王、马明王。马王在教不享黑牲肉，祭品只用羊，其神像四臂三目，所以民间有俗语说："马王爷三只眼。"

图1-17 马王爷（禄是道《中国民间信仰研究》1918年英文版）

第五节　清明麦华秀

清明是春季的第五个节气，同时也是季春的第一个节气。从有关古代社会生活的记述来看，清明节是集节气与节日于一身的时间标尺，常与春节、端午节、中秋节一起并称为中国四大传统节日。除汉族以外，很多少数民族也过清明节，其中的习俗活动还传播到朝鲜、新加坡、马来西亚、印度尼西亚、越南、日本等国。

太阳运行至黄经 15 度时，即为清明，属于农历三月节令。从公历 4 月 5 日前后开始，每五日为一候，清明共有三候：

清明初五日，初候桐始华。桐花绽放，清明节气的桐花所指主要是泡桐花，花大，有紫、白两色，远看像个长喇叭。

清明又五日，二候田鼠化为鴽。《大戴礼记·夏小正》曰："鴽，鹌也。变而之善，故尽其辞也。鴽为鼠，变而之不善，故不鴽尽其辞也。"田鼠因烈阳之气渐盛躲回洞穴避暑，喜爱阳气的鴽鸟则开始出来活动。

清明后五日，三候虹始见。《说文解字》曰："虹：蟠蛛也。

图1-18　广西桂林彩虹

状似虫。从虫工声。"《幼学琼林》说："虹名蝃蝀，乃天地之淫气。"《月令七十二候集解》中就更明了："虹，阴阳交会之气，纯阴纯阳则无。"清明时节多雨，所以彩虹常见，正是阴晴交汇、雨后初晴的时节。

《逸周书·时训解》有："桐不华，岁有大寒。田鼠不化鴽，国多贪残。虹不见，妇人苞乱。"如果桐树不开花，当年必有大寒；如果田鼠不化鹌鹑，国家多有贪婪残暴之人；如果彩虹不出现，预示妇女淫乱。

晓日清明天

春天正是耕作的时节，这个时节气温升高、雨量增多，播种耕耘、养蚕采桑正当时。在自然物候顺时而出的状态下，人们会根据清明的情况对未来的大气或是年景加以预测。明代《农政全书》里有关于清明气候说法的谚语："清明断雪，谷雨断霜。"清代则有一首《江阴竹枝词》写道：

月令春来次第更，占时贸易总关情。清明三日晴无雨，过了黄明又白明。

清明后二日俗称黄明、白明，均宜晴暖无雨，则蚕麦可望丰收，商家以此占验，定贸易之兴衰云。

这里记载的是清代江阴地区（今江苏地区）的人在清明时占验

收成的情况。很多地方的人都相信清明这天下雨不利于庄稼生长，比如江西有谚语说："麦吃四时水，只怕清明连夜雨。"福建也有谚语说："清明要明，谷雨要雨。"

清明节气的寒暖与未来天气也有一定预示，辽宁地区民谚曰："清明冷，好年景"等等。清明节气的风对未来天气及年成好坏也有一定预示，福建地区民谚曰："清明南风，夏水较多；清明北风，夏水较少"；山西地区民谚曰："清明起尘，黄土埋人"；宁夏地区民谚曰："清明一吹西北风，当年天旱黄风多"；河北地区民谚曰："清明北风十天寒，春霜结束在眼前"；等等。

占候之余，人们更加看重繁忙的农事，所以会举行一些跟农事相关的民俗活动，以期顺利地完成春忙。在以田耕为主的地方，人们有"饭牛"的习俗，即清明节这天给牛喂一顿好吃的，比如小米稀饭、菠菜汤、玉米面饼子等。

清明前后是江南地区的饲蚕季节，很多蚕娘此时都十分忙碌，因此一般也将这一时间段称为"蚕月"，清代有一首《西湖竹枝词》描写了此时蚕娘忙碌的情景：

> 蚕娘辛苦在三春，膏沐何曾一日亲。户户门黏红帖子，东西竟断往来人。
>
> 越中妇女饲蚕为业。人家门首粘红纸帖，书"蚕月免进"，虽亲友亦不得进入。故青邱有"东家西家罢来往"及"头发不梳一月忙"之句。

为了让蚕业丰收，清明节也就成了祭祀蚕神的节日。《湖州府志·岁时》有曰："清明晚，则育蚕之家设祭以禳白虎，门前用石灰画弯弓之状，盖祛蚕祟也。"人们认为，白虎是养蚕业的大敌，

通过使用石灰画弯弓等办法禳却，祈求蚕业丰收。

如今，在浙江很多地方还有关于蚕神祭祀的活动，如桐乡和海宁的有些农户会做"茧圆"，即生粉团子，形似蚕茧，也会馈赠亲邻，寓意"越生越多"。清代陈梓曾作过一首《茧圆歌》：

> 黄金白金鸽卵圆，小锅炊热汤沸然，今年生日粉茧大，来岁山头十万颗。

当地居民在清明夜开始设祭，进行禳白虎、祭蚕神等活动，其间要烧香祈蚕，抬着蚕花轿出巡，妇女、孩童沿途拜香唱曲，俗称"蚕花会"。很多村庄还会由全村集资雇请羊皮戏艺人来村演皮影戏，演完整本羊皮戏后必然加演《马明（或写作"鸣"）王菩萨》，这首歌包含着古老的蚕桑神话和传说，内容如下：

> 马明王菩萨到府来，到你府上看好蚕。马明王菩萨出身处，出世东阳（郡）义乌县。爹爹名叫王伯万，母亲堂上王玉莲。马明王菩萨净吃素，要得千张豆腐干。十二月十二蚕生日，家家打算蚕种腌。有的人家石灰腌，有的人家卤池腌。正月过去二月来，三月清明在眼前。清明夜里吃杯齐心酒，各自用心看早蚕。大悲阁里转一转，买朵蚕花糊簏盘。红红绵绸包蚕种，轻轻放在枕头边。歇了三日看一看，打开蚕种绿艳艳。快刀切出金丝片，引出乌蚁万万千。……

演毕，蚕农会向艺人讨取做纸幕的绵纸用以糊蚕匾，认为可致丰收，称"蚕花纸"。艺人也会把演戏点灯的灯芯分赠蚕农，置于蚕室，认为可保蚕事顺利，称"蚕花灯芯"。

　　清明前后，还是茶农采摘新春第一茶的时候。茶树的早发品种往往在惊蛰和春分时开始萌芽，清明前就可采茶。由于清明前气温较低、发芽有限、生长较慢，能达到采摘标准的茶叶很少，所以人们常说："明前茶，贵如金。"

百五开新火

　　古时，距离清明节气一两天的时候还有寒食节，其有两项比较重要的内容：一是改火仪式，二是禁火寒食。

图1-19　马头娘（禄是道《中国民间信仰研究》1918年英文版）

　　关于改火的记载，很早就已经有了。《论语·阳货》曰："旧谷既没，新谷既升，钻燧改火，期可已矣"，这里是将农作物生长周期与改火时间相联系。古人认为火的生命力会老化，因此要定期改火，也就是在特定的时间将旧火熄灭并重新取得新火。其注曰："《周书·月令》有更火之文，春取榆柳之火，夏取枣杏之火，季夏取桑柘之火，秋取柞楢之火，冬取槐檀之火，一年之中，钻火各异木，故曰改火也。"意思是即使取火也不是随便一个木头都可以钻的，要根据季节不同，钻不同的木头，取不同的火源。

　　清代徐颋《改火解》记曰："改火之典，昉于上古，行于三

代，迄于汉，废于魏晋后。"最初，改火并不在清明节进行，魏晋以后也已被废除。但是，唐代开始人们又重新恢复了这一习俗，有一首唐诗《东都所居寒食下作》写道：

> 江南寒食早，二月杜鹃鸣。日暖山初绿，春寒雨欲晴。
> 浴蚕当社日，改火待清明。更喜瓜田好，令人忆邵平。

诗中可知，唐代改火是在寒食节时将旧火灭掉，然后到清明这天再重新将火燃起来。在改火和禁火期间，举国不能火食，只能吃事前备好的熟食（寒食），所以这段停火时间才被称为寒食节。改火期间禁火的行为，民间传说是跟介子推联系在一起的。传说，春秋时期，晋公子重耳流亡，介子推曾经割股为他充饥。后重耳归国为君侯，分封群臣，唯独介子推不愿受赏，隐居于山野。晋文公亲请，介子推仍不愿为官，躲在山中不出来。于是，晋文公令手下放火焚山，想逼介子推露面，结果介子推被烧死在山中。为了纪念他，晋文公下令：介子推死难之日不生火而吃冷食，从而形成了寒食节。这一天正是冬至日后的一百零五天，所以寒食节还有"一百五"的别称。

《荆楚岁时记》："去冬节一百五日，即有疾风甚雨，谓之寒食。禁火三日，造饧大麦粥。"《邺中记》中也说："寒食之日作醴酪，又煮粳米及麦为酪，捣杏仁煮作粥。"直到唐宋时期人们仍在食用这种大麦粥。唐代诗人韦应物《清明日忆诸弟》诗曰：

> 冷食方多病，开襟一忻然。终令思故郡，烟火满晴川。
> 杏粥犹堪食，榆羹已稍煎。唯恨乖亲燕，坐度此芳年。

诗中的"杏粥"即是用杏仁制成的粥，也是古时寒食节的节令食品之一。《清嘉录》中记载，苏州的清明食俗说："今俗用青团，红藕，皆可冷食。"不同地方的清明节食品花样繁多，却有一个共同的特点——大多数食品均可以冷食。如今，清明饮食种类更加丰富，北方以麦面、玉米面、杂粮为原料，制成子孙饽饽、馓子、炒面、子推馍、蛇盘兔、红豆馍、石头饼等；南方以稻米或米粉为原料，制成麻糍、清明粑、清明馃、清明糯、五色糯米饭、清明粽等。

清明祭品丰

一般认为，清明祭扫的习俗也是承袭寒食节的传统，《旧唐书·玄宗本纪》有："寒食上墓，宜编入五礼，永为恒式"的记载，《唐会要·寒食拜埽》载有唐玄宗开元二十年（732）"宜许上墓"诏令的原文，可见唐朝玄宗时期就有了寒食祭扫之习俗。由于寒食与清明之间的密切关系，唐宋之际已经有很多诗词在记述祭扫时将寒食与清明放在一起表述，比如白居易《寒食野望吟》诗曰：

> 乌啼鹊噪昏乔木，清明寒食谁家哭。
> 风吹旷野纸钱飞，古墓垒垒春草绿。
> 棠梨花映白杨树，尽是死生别离处。
> 冥寞重泉哭不闻，潇潇暮雨人归去。

当然，也有人认为清明祭扫本就有之，并非从寒食祭扫而来。《唐会要·缘陵礼物》载，永徽二年（651）有关部门向高宗奏呈：先帝（唐太宗）在世时，逢"朔、望、冬至、夏至伏、腊、清明、社"向献陵（唐高祖墓）"上食"，先帝的丧期已结束，陛下也宜

循行故例，高宗"从之"。可见，唐代皇家清明墓祭的制度自唐太宗时就已确立。再往前溯，唐章怀太子在为《后汉书》作注时引用了东汉应劭的《汉官仪》："秦始皇起寝于墓侧，汉因而不改，诸陵寝皆以晦、望、二十四气、三伏、社、腊及四时上饭其亲。"应劭所谓"二十四气"，自当包括清明在内。无论寒食与清明之间的墓祭关系如何，在寒食节逐渐衰落之后，清明承袭了其很多习俗是个事实，而且各地也开始兴起了清明祭扫的习俗，下面几首竹枝词记载了清至民国时期不同地方的习俗：

明日清明节又催，墦间漠漠野花开。担笼荷插随童孺，都为先坟上土来。

清明前一日，家家闲治祖墓，谓之"上土"。

（清代山西地区）

节届清明祭品丰，坟头争压楮钱红。笑他迷信城隍会，荷校男章与女童。

清明节，携酒馔墓祭，压红楮钱于马鬣封。是日城隍会出巡，童男女荷校跪迎，晦罪祈福。

（清代吉林地区）

春风拂拂雨丝丝，已是清明祭扫时。佛朵柳枝分插处，新坟旧冢望来知。

满洲清明墓祭时，新坟插佛朵，旧坟插柳枝。佛朵之式，粘五色纸条为幡，汉名佛花，江南剪成钱样，谓之五色纸钱。

（清代黑龙江地区）

节届清明吊祭忙，同乡会所又山庄。客中绞尽心头血，博得妻孥泪几行。

客死申江者每寄枢丙舍与山庄，至清明节，家人哭祭甚哀。

（民国上海地区）

清明祭扫，主要是祭祀具有血缘关系的祖先和逝去的亲人，有些地方的人会在家里或祠堂进行，但更多的还是到埋葬遗体或骨灰的墓地去祭扫，所以祭扫又称为墓祭或是上坟。各地对于墓祭祭品的要求也是花样繁多，比如前面几首竹枝词里提到的"酒馔""红楮钱""佛朵""五色纸钱"，等等，但基本是为了表达思念之情。吴地民谚有"清明前挂金钱，清明后挂铜钱"的说法，就是说挂在坟上的纸钱如果是挂在清明之前，说明孝厚胜似金，如果是挂在清明之后，说明孝薄似铜。

现代社会，清明依然是极为重要的祭扫时间，人们在清明节前后仍有上坟扫墓的习俗，以寄托对先人的怀念。同时，由于社会的不断发展，人们也开始提倡和施行诸多更符合现代生活的祭扫方式，比如以鲜花祭祀、网络祭祀等。无论什么方式的祭扫，依然是纪念和追思的仪式。

春暖花开时

清明处在春天的中间，正是阴气下降阳气上升、阴阳相争之时。唐代以来，随着娱乐色彩的不断增加，清明逐渐从自然时间向人文时间发展，真正形成了一个春季休闲时间。时至清明，人们脱下冬装，在户外踏青、放风筝、荡秋千等等，进行着多种多样的娱乐活动，既亲近了自然，又顺应了物候。

清明之时，春回大地，正是到大自然中去领略生机勃勃春日景象的好时候，人们于此时前往郊外远足，也称踏青，就是脚踏青草、观赏春色，尤其古时青年女性，平日不能随便出游，清明便是难得的机会。踏青之事，又与已然消逝的上巳节有着紧密的关系。上巳节，为三月的第一个巳日，其源头可能与远古时期男女择偶相配的制度有关，后来形成了比较固定的上巳节，踏青也成为其中的民俗活动。

暮春元日，阳气清明。祁祁甘雨，膏泽流盈。
习习祥风，启滞导生。禽鸟逸豫，桑麻滋荣。

隋朝时期，踏青成为春暖花开的时节最为盛行的活动。《秦中岁时记》记载："唐上巳日，赐宴曲江，都人于江头禊饮，践踏青草，曰踏青。"禊，即祓禊，古代于春秋两季在水边举行的一种清除不祥的祭祀仪式，其最初是上巳的主要内容。唐诗中描写踏春活动常把时间定位在三月三前后，其代表性指向就是祓禊和踏青。后来，融汇了寒食与上巳两个节日精华的清明在宋元时期形成了一个以祭祖扫墓为中心、辅以春游踏青的传统节日，《清明上河图》生动地描绘出北宋都城汴京的热闹情景。

风和日丽的清明时节，也是放风筝的最佳季节。风筝起源很早，初期被用于军事活动，曾被称为风鸢、纸鸢、纸鹞、鹞子等。民间传说，风筝是楚汉相争时张良创造出来的，他坐在大鹞子上飞到项羽军队的上方，吟唱楚地思乡的民歌，使得项羽军队兵无斗志，导致项羽大败。南北朝时期，风筝曾被作为通信求救的工具。梁武帝时，侯景围台城，简文尝做纸鸢，飞空告急于外，结果被射落而败，台城沦陷。唐代，风筝开始逐渐转化为娱乐用途，唐代诗人罗隐有一首《寒食日早出城东》诗写到了寒食节人们放风筝的情景：

> 青门欲曙天，车马已喧阗。禁柳疏风雨，墙花拆露鲜。
> 向谁夸丽景，只是叹流年。不得高飞便，回头望纸鸢。

五代开始，在纸鸢上加哨子，其鸣如筝，故称"风筝"。宋代，人们把放风筝作为清明节时的主要户外活动，《武林旧事》中记曰："清明时节，人们到郊外放风鸢，日暮方归。"有的地方，人们在清明节放风筝时，最后将线割断，寓意让风筝带走一年的霉气。

> 青青折得绿杨枝，插向街头当酒旗。舍北平原芳草遍，春风正放纸鹞时。
>
> 清明时竞放纸鹞，俗呼"放鹞子"，迎风展线，多在村后平原间。

图1-20　放风筝（年节习俗考全图》中英文版）

这首竹枝词写的是清代江苏地区的人在清明节时村后平野放飞风筝的情景。民国时期，江苏南京还出现了清明"斗风筝"的习俗，是南京民间行会自发组织的一种活动，

地点在雨花台北山，清明前后持续一周左右。

荡秋千是清明时节的又一项娱乐活动。文字记载中，秋千最早并不在清明之际。南朝《荆楚岁时记》记载："立春之日。悉翦彩为燕以戴之。帖宜春二字。为施钩之戏。以缏作篾缆相胃。绵亘数里。鸣鼓牵之。又为打球秋千之戏。"这里记的是立春荡秋千。宋人高承在《事物纪原》中又解释说："秋千，或曰本山戎之戏也。自齐桓公北伐山戎，此戏始传中国。"山戎是古代北方的一个民族，属地在今北京及其周围地区，秋千原是其进行军事训练的工具，每到寒食节时操练，齐桓公北伐山戎时，秋千开始流入中原。

唐代以后，荡秋千大为盛行，且大都集中于寒食、清明前后，五代王仁裕《开元天宝遗事》载："天宝宫中至寒食节，竞竖秋千，令宫嫔辈戏笑以为宴乐，帝呼为半仙之戏，都中士民因而呼之。"寒食与清明逐渐合流，使得荡秋千也成为清明之戏：

唐宋以后，随着城市社会的发展，荡秋千逐渐演变成闺阁之戏以及节日中的狂欢项目。元明清时期，由于清明荡秋千随处可见，人们甚至将清明节称为"秋千节"，皇宫里也安设秋千供皇后、嫔妃、宫女们玩耍。

唐代开始，"清明蹴鞠"也十分流行。蹴鞠，又名"蹋鞠""蹴球"等，"蹴"是用脚踢的意思，"鞠"最早是外包皮革、内实米糠的球，蹴鞠也就是古人以脚踢皮球的活动，类似今日的踢足球。《太平御览》引《刘向别传》曰："蹴鞠者，传言黄帝所作，或曰起战国之时。蹋鞠，兵势所以陈之，知武材也，皆因熙戏而讲习也"，也就是说蹴鞠最早也是作为军事训练项目而产生的，后来才慢慢演变成为娱乐竞技项目。《史记·扁鹊仓公列传》中记载了一个痴迷蹴鞠而致身亡的故事：西汉时的项处因迷恋蹴

图1-21　荡秋千（清陈枚《月曼清游图册》，北京故宫博物院藏）

鞠，虽患重病仍不遵医嘱继续外出蹴鞠，结果不治身亡。唐代仲无颇的《气毬赋》记载了蹴鞠成为清明节的主要活动：

> 　　气之为球，合而成质。俾腾跃而攸利，在吹嘘而取实。尽心规矩，初因方以致圆；假手弥缝，终使满而不溢。苟投足之有便，知入门而无必。时也广场春霁，寒食景妍。交争竞逐，驰突喧阗。或略地以丸走，乍凌空以月圆。

早期的鞠是以皮革制作的实心球，唐代的鞠已出现充气球了。宋人也很喜欢清明蹴鞠，《东京梦华录》中记载北宋汴都人出城采春："举目则秋千巧笑，触处则蹴鞠疏狂。"清代以后，清明蹴鞠日益衰落。

与蹴鞠一样，斗鸡虽然也是习传已久，但是在南北朝时期成为

寒食节期间风行的游戏，至唐代到达鼎盛的清明民俗活动。《艺文类聚·鸟部·鸡》中有如下记载：

> 《列子》曰：纪渻子为周宣王养斗鸡，十日而问之，鸡可斗乎。曰：未也。方虚骄而恃气，十日又问之。曰：未也。犹疾视而盛气，十日又问之。曰：几矣。望之如木鸡，其德全矣。异鸡无敢应者也。

故事讲的是纪渻子是如何为周王养斗鸡的，也可见斗鸡之戏早就有之。南北朝时期，斗鸡成为寒食节期间的重要活动。北周诗人杜淹有《咏寒食斗鸡应秦王教》一诗：

> 寒食东郊道，扬鞲竞出笼。花冠初照日，芥羽正生风。
> 顾敌知心勇，先鸣觉气雄。长翘频扫阵，利爪屡通中。
> 飞毛遍绿野，洒血渍芳丛。虽然百战胜，会自不论功。

唐代是清明斗鸡活动的黄金时代，陈鸿《东城父老传》记有："玄宗在藩邸时乐民间清明节斗鸡戏，及即位，治鸡坊于两宫间，索长安雄鸡，金毫、铁距、高冠、昂尾千数，养于鸡坊。"唐玄宗酷爱斗鸡，每年元宵节、清明节、中秋节一定要举行斗鸡活动，以示天下太平。

清明时节，民间还有插柳和戴柳的习俗。插柳之俗，早在北魏贾思勰《齐民要术》中即有记载："正月旦，取杨柳枝著户上，百鬼不入家。"当时人们是在正月初一插柳。由此可见，唐代以前就已流传着插柳的习俗，只是插柳的活动还没有集中于清明。宋代以降，关于插柳、戴柳的记载多了起来，而且寒食、清明时插柳、戴柳已经成俗。《东京梦华录》有记："寻常京师以冬至后一百五日为大寒食，前一日谓之'炊熟'，用面造枣飞燕，柳条串之，插于门楣，谓之'子推燕'。""子推燕"就是用面粉和枣泥，捏成燕子的模样，再用杨柳条串起来，插在门上。戴柳是用柳枝来装扮自身，据《燕京岁时记》记载："至清明戴柳者，乃唐高宗三月三日祓禊于渭阳，赐群臣柳圈各一，谓戴之可免虿毒。"民谚还有"清明不戴柳，红颜成皓首"等，取柳枝辟邪的效果，这可能又与上巳节的一些民俗活动产生了交融。

明代插柳、戴柳之风仍然盛行。明代《帝京景物略·春场》中对清明踏青时人们簪柳的行为做了记载：

> 三月清明日，男女扫墓，担提尊榼，轿马后挂楮锭，粲粲然满道也。拜者、酹者、哭者、为墓除草添土者，焚楮锭次，以纸钱置坟头。望中无纸钱，则孤坟矣。哭罢，不归也，趋芳树，择园圃，列坐尽醉，有歌者。哭笑无端，哀往而乐回也。是日簪柳，游高粱桥，曰踏青。多四方客未归者，祭扫日感念出游。

清代《帝京岁时纪胜》中也有"清明日摘新柳佩带"的描述，而从《中国地方志民俗资料汇编》所辑录的资料来看，除新疆、青海、西藏没有这方面的记载外，其余的地方几乎都存在插柳、戴柳之俗。

清明好时节

清明对于中国人来说，是一个重大的春祭节日。在生命之花竞

相绽放的明媚春天，中国人传承着古老的祭祀传统，践行着生命传递的意义。

中国人有着强烈的家庭观念，尤其重视家族、祖先。几千年来，我们民族并没有绝对意义的宗教信仰，更多时候是对祖先亡灵的崇拜，有一种返本归宗的意识，在清明节祭扫祖先便是对亡故先人特殊的缅怀方式。在雨水到来前的春季，人们借清明祭祀的时机，对坟墓进行清整，既保全了先人遗骸，又表达了后代的孝心。直到现在，某些乡村仍以清明祭墓活动的有无，作为家族是否绵延的标志。祖先祭祀实际上是一次生命伦理的教育、感念先人功德的教育。感恩是社会基本的伦理基础，对亡故先人怀有一颗尊重之心和缅怀之情，是我们民族文化心理的重要组成部分。这种朴素的感情有利于整个社会层面的感恩文化的培养。在追思中学习感恩，对别人、对社会心存感激，人与人之间就会充满关爱与同情。

慎终追远是清明节的文化精神。利用清明时节，追思祖先业绩，提倡家庭、社会对先辈历史的尊重，保持对先人的敬畏之心与感恩之心。在人心躁动的现代社会，清明节更有着特殊的意义，它能够给人一个理性、冷静思考人生的机会。现在很多人在清明祭扫时没有找到合适的表达方式，思想观念庸俗，祭祀用品也越来越低俗，如烧纸做的别墅、轿车、麻将等，本意是让先人在另一个世界也享受俗世之乐，实际上是个人追求物质享受甚至感官乐趣的一种心理折射。我们应该倡导祭扫中的环保理念与安全理念，尽量减少祭扫过程中的环境污染与资财耗费。

清明是厚重的，也是轻盈的。中国人在春天哀悼亡者，同样在春天激扬生命。清明是春天的节日，是我们亲近自然、拥抱自然、播种生命、品味春天的时节。踏青郊游，是清明时节与春祭并存的主题之一。唐宋城市经济繁荣之后，大量的城居人，利用清明墓祭的时机，阖家共赴郊外踏青游春。清明是春嬉的节日，放风筝、荡秋千、踢毽子、蹴鞠、拔河等活动，成为人们踏青郊游的时令娱乐。人们还看重柳树生命力强大的特性，在踏青时折柳戴柳，以头簪柳花为时尚。除了游春踏青之外，春天是需要品味的，清明的时令饮食正是我们对春的味道的体验。饮茶的最好季节亦是春天，带露的明前茶，是茶中珍品。清明时节，天地明净，空气清新，在清明的柔风中，茶树吐出新春的嫩芽。茶人采摘春茶时，要特别仔细，只能用指甲掐，不能以手指扯。传统社会，清明时节，无论家居还是出门在外的文人雅士，都以清明钻取的薪火煮新茶。天地澄净，春意醉人的清明时节，用薪钻火，煮明前茶，迎着拂面的温柔清风，擎起兔毫盏或白玉杯，那种心境，那种滋味，大约是品尝新茶最妙的境界。

第六节　谷雨生百谷

谷雨是春季的最后一个节气，同时也是季春的第二个节气。谷雨，即谷得雨而生也。此时天气温和，雨水明显增多，谷类农作物可以很好地生长。

太阳运行至黄经 30 度时，即为谷雨，属于农历三月中气。从公历 4 月 20 日前后开始，每五日为一候，谷雨共有三候：

谷雨初五日，初候萍始生。《周礼》曰："谷雨一日，萍始生，萍不生，阴气增盈。"《易说》曰："谷雨，气当至而不至，则多霍乱。"谷雨后降雨量增多，浮萍开始生长，如若不长，则会有祸患。

谷雨又五日，二候鸣鸠拂其羽。《尔雅》云："鸣鸠鹘鹏。"郭璞注曰："今布谷也，江东呼获谷。"《荆楚岁时记》又载："四月也有鸟名获谷，其名自呼，农人候此鸟则犁耙上岸。"谷雨开始，布谷鸟扇动自己的羽毛，农人看到便开始进行耕作。

谷雨后五日，三候戴胜降于桑。戴胜，一名戴䲸，《尔雅》注曰："头上有胜毛，此时恒在于桑，盖蚕将生之候矣。"戴胜鸟降落于桑树上，提醒着养蚕的人家也要更为忙碌了。

《逸周书·时训解》有曰："桐不华，岁有大寒。田鼠不化驾，国多贪残。虹不见，妇人苞乱。"如果桐树不开花，当年必有大寒；如果田鼠不变为鹌鹑，国家多有贪婪残暴之人；如果彩虹不出现，妇女就会淫乱。

烟蓑建事功

谷雨是春季最后一个节气，也意味着马上就要进入夏天了。春夏之交，春播、蚕事、开渔等农事活动非常密集，人们不仅要忙于劳作，还要祭祀相关神灵，以期获得好的结果。

谷雨是开始播种春播作物的标志性时间，很多农谚都提醒人们

图1-22　谕祭先农（清孙家鼐等编《钦定书经图说》）

此时应该播种的作物："清明江河开，谷雨种麦田""谷雨前后，种瓜点豆""过了谷雨种花生""苞米下种谷雨天""谷雨种棉花，能长好疙瘩""谷雨栽上红薯秧，一棵能收一大筐"等。《艺文类聚·天部上·雨》引曰："《尸子》曰：神农氏治天下，欲雨则雨，五日为行雨，旬为谷雨，旬五日为时雨，正四时之制，万物咸利，故谓之神。"这里的"谷雨"与"行雨""时雨"同为神农氏所布之雨，是神话中的气候，虽然跟现实生活中的节气没有太大的关系，但是说明了农耕社会人们对于雨之润万物的倚重。谷雨时段，随着天气变暖，雨水也越来越多，正好能为农作物提供足够的滋养。

陕西省白水县有谷雨祭祀仓颉的习俗，缘于《艺文类聚》引《淮南子》中"昔者仓颉作书，而天雨粟"的记载。传说仓颉造字之后，天帝受了感动，特下谷子雨以示酬劳，这便是将谷雨更加神化的说法了。传说仓颉死后安葬在白水县史官镇北，这里的人们称仓颉为"仓圣"，年年谷雨起庙会，历时七至十天。谷雨庙会前的清明节，白水人会先为仓颉扫墓，同时为庙会做好准备。谷雨前两天，人们到庙内请回仓颉塑像，叫戏班唱一天两夜大戏，谓"偏赛"。谷雨这天，庙会正式开始。庙会执事队进庙举行安主敬神的活动。谷雨大典结束之后，其余人依次列队于殿前致祭，烧香叩头，祈盼平安。庙会期间自然有摆摊设点，人们于此时进行商品交易。庙会进入第三、四天，如果下雨的话便叫"洗庙雨"，意为尘飞土罩，把庙弄脏了，仓圣命雨婆降雨，洗出青砖蓝瓦来。

民间传说中，仓颉虽为文字始祖，但是在白水庙会里其实主要还是纪念他曾经唤来雨粟帮助人们渡过粮食匮乏难关的行为，这与农耕社会的背景是紧密相连的。而在渔乡，很多地方也有自己特有

图1-23　山东荣成市院夼村谷雨节祭祀仪式

的谷雨祭祀仪式。

　　山东荣成渔民开洋、谢洋节源于祭祀海神的活动。每到谷雨这一天，深海的鱼虾等便遵循季节洄游的规律涌至黄海近海水域，附近的渔民因此有"鱼鸟不失信""谷雨百鱼上岸"之说。于是，休息了一冬的渔民开始整网出海，一年一度的海上生产正式开始。渔民出海之前都要举行隆重盛大的仪式，虔诚地向海神献祭，以祈求平安、预祝丰收。2008年，荣成渔民节祭祀仪式成功入选国家级非物质文化遗产代表性项目保护名录，并正式更名为"渔民开洋谢洋节"。

　　谷雨试新茶

　　南方多种茶树，春季正是采摘炒制的好时候，清代有一首《梅州竹枝词》中写道：

　　山人都作茗生涯，手摘云根拣小芽。连日浓烟高出屋，头
纲知炒雨前茶。

　　　清凉山茶，山人每于谷雨前炒之，谓之头刚茶。

　　立春到立夏之间采摘加工的茶被称为春茶，其有"明前茶"
"雨前茶""谷雨茶"之分。明前茶是清明节前采制的茶叶，由于
清明前气温普遍较低，茶树发芽数量有限，生长速度较慢，能达到
采摘标准的产量很少，所以有"明前茶，贵如金"之说。在明前茶
中还有更细致的划分：立春至春分间采的茶虽为春茶，实为冬茶，
滋味稍逊；春分到清明所采的茶是真正的明前茶，滋味浓郁，春分
到清明一共十五天，此半月内第一次采的茶称为头刚茶，第二次采
的茶叫作二刚茶。雨前茶是清明之后、谷雨之前采的嫩芽，也叫清
明茶。雨前茶芽叶生长较快，积累的内含物也较丰富，因此茶的滋
味鲜浓。谷雨后立夏前采的茶叫谷雨茶。明代许次纾在《茶疏》中
谈到采茶时节时曾说："清明太早，立夏太迟，谷雨前后，其时适中。"
　　"阳春三月试新茶"，其实清明和谷雨时节采制的茶，都算是一
年之中的茶之精品，所以人们才有此时品新茶的习俗。宋代诗人陆
游有一首《闲游》诗写的正是这个情景：

　　　过尽僧家到店家，山形四合路三叉。清明浆美村村卖，谷
雨茶香院院夸。

　　　果卧幽窗身化蝶，醉题素壁字栖鸦。夕阳不尽青鞋兴，小
立风前鬓脚斜。

　　湖南省安化县有谷雨节吃擂茶的习俗，有民谚说："吃了谷雨茶，气死郎中的耶（父亲）"。（**易永卿等编著：《蚩尤与梅山文化》，岳麓书社2008年版，第176页**）谷雨时节，人们用鲜嫩的茶叶和大米、花生、芝麻、生姜打制擂茶。

　　采茶时节，茶农起早贪黑，格外辛劳。除此之外，为了表达对天地的感激和对丰收的祈盼，茶农在采春茶的季节会进行祭祀茶祖的活动。《格致镜原》引《本草》载："神农尝百草，一日遇而七十毒，得茶而解之。"陆羽《茶经》又曰："茶之为饮，发乎神农氏。"所以神农被尊为"茶祖"。2005年湖南省茶业协会首次提出了"茶祖是神农，茶祖在湖南，设立中华茶祖节"的倡议。2009年，"中华茶祖节暨祭炎帝神农茶祖大典"在炎陵县炎帝陵举行，其间发布了《茶祖神农炎陵共识》，正式确立每年谷雨节为"茶祖节"，即中国茶节。2018年，中华茶祖节品茗思祖活动在湖南省各地举行十四大系列活动，包括"中国开茶节"君山银针站、中国古丈第二届茶旅文化节、全民品茶周桃源红茶、碣滩茶文化旅游节、湘西黄金茶文化节、南岳祭茶大典、古丈"创意茶旅"年度风云盛典、洞口古楼雪峰云雾茶文化节等活动。

人间第一香

　　"谷雨三朝看牡丹"，赏牡丹成为人们谷雨时节重要的休闲活动。如今，山东、河南等地还会举行牡丹花会，供人们游乐聚会。

　　牡丹作为观赏植物栽培，大约始于南北朝。《事文类聚》记载："北齐

图1-24　雨后牡丹

杨子华有画牡丹处极分明，则知牡丹花亦久矣。"明代李时珍在《本草纲目》中解释了牡丹名字的缘起："牡丹虽结籽而根上生苗，故谓'牡'（意谓可无性繁殖），其花红故谓'丹'。"

牡丹花，被誉为"国色天香"，早期一般是皇家禁苑种植之物。《酉阳杂俎》记载："开元末，裴士淹为郎官，奉使幽冀回，至汾州众香寺，得白牡丹一棵，植于长安私第，天宝中为都下奇赏。"这是私宅种植牡丹的最早记录。雍容华贵的牡丹迎合了大唐盛世时人们的审美情趣，帝王显贵、文人雅士带头喜爱牡丹，长安、洛阳等城市的官衙、寺院、私宅无不种植牡丹，从而不断掀起赏牡丹、咏牡丹的热潮。元代王恽有一首《木兰花慢》，词前曰："谷雨日，王君德昂约牡丹之会，某以事夺，北来祁阳道中，偶得此词以寄。"可见当时在谷雨牡丹花期正盛的时候，有举办牡丹会的习俗。此后，历朝历代对谷雨赏牡丹的记载绵延不绝。《清嘉录》记载，吴地"无论豪家名族，法院琳宫，神祠别观，会馆义局，植之无间。即小小书斋，亦必栽种一二墩，以为玩赏"。所以到了谷雨花期，"郡城有花之处，士女游观，远近踵至，或有入夜穹幕悬灯，壶觞劝酬，迭为宾主者，号为花会"。如今，赏牡丹依然是春季重要的花事活动，民间将其视为富裕和美好的象征。

第二章　夏日炎长：夏季节气

夏季，骄阳似火，沉李浮瓜，从孟夏、仲夏行至季夏，经过立夏、小满、芒种、夏至、小暑和大暑六个节气，时间跨度大约从公历五月初到八月初，其间热浪滚滚、阳气高涨，夏季的节气生活也围绕着顺气度夏展开。

咏立夏四月节

欲知春与夏，仲吕启朱明。蚯蚓谁教出，王瓜自合生。
簇蚕呈茧样，林鸟哺雏声。渐觉云峰好，徐徐带雨行。

咏小满四月中

小满气全时，如何靡草衰。田家私黍稷，方伯问蚕丝。
杏麦修镰钐，锄瓜竖棘篱。向来看苦菜，独秀也何为？

咏芒种五月节

芒种看今日，螳螂应节生。彤云高下影，鹎鸟往来声。
渌沼莲花放，炎风暑雨情。相逢问蚕麦，幸得称人情。

咏夏至五月中

处处闻蝉响，须知五月中。龙潜渌水坑，火助太阳宫。
遇雨频飞电，云行屡带虹。蕤宾移去后，二气各西东。

咏小暑六月节

倏忽温风至，因循小暑来。竹喧先觉雨，山暗已闻雷。
户牖深青霭，阶庭长绿苔。鹰雕新习学，蟋蟀莫相催。

咏大暑六月中

大暑三秋近，林钟九夏移。桂轮开子夜，萤火照空时。
瓜果邀儒客，菰蒲长墨池。绛纱浑卷上，经史待风吹。

——卢相公、元相公

第一节　立夏尝三新

立夏是夏季的第一个节气，同时也是孟夏的第一个节气。《礼记·月令》："（孟夏之月）某日立夏，盛德在火"，立夏之际，赤日如焰，所以火气最重。《月令七十二候集解》也曰："立夏，四月节。立字解见春。夏，假也。物至此时皆假大也"，说的是万物至立夏都开始长大。

太阳运行至黄经45度时，即为立夏，属于农历四月节令。从公历5月5日前后开始，每五日为一候，立夏共有三候：

立夏初五日，一候蝼蝈鸣。蝼蝈，约是蝼蛄与蛙这两种动物或是其中的一种，它一叫，夏天就来到了。

立夏又五日，二候蚯蚓出。蚯蚓是夜行性动物，白天蛰居洞穴，夜间外出活动，一般在夏秋季晚上八点到次日凌晨四点左右出外活动。立夏一到，蚯蚓爬出地面。

立夏后五日，三候王瓜生。王瓜，葫芦科，栝楼属植物。立夏时节，王瓜的蔓藤开始快速攀爬生长。

《逸周书·时训解》有曰："蝼蝈不鸣，水潦淫漫；蚯蚓不出，

婴夺后命；王瓜不生，困于百姓。"如果蝼蝈不叫，地面积水漫溢；如果蚯蚓不出，宠妃会夺去王后性命；如果王瓜不生，百姓要遭困穷。

暑日起熏风

立夏是酷暑的开始，也预示着农忙的到来。大江南北都是早稻插秧的季节，民谚有曰"多插立夏秧，谷子收满仓"，江南种茶地区立夏后茶树春梢发育最快，如果稍一疏忽茶叶就会老化，所以要忙着采摘，民谚也有"谷雨很少摘，立夏摘不辍"。古时，人们认为"风起动万物"，所以对每个季节的风都有着细致的观察，《史记·律书》曰："东北方条风，立春至。东方明庶风，春分至。东南方清明风，立夏至。南方景风，夏至至。西南方凉风，立秋至。西方阊阖风，秋分至。西北方不周风，立冬至。北方广莫风，冬至至。"《吕氏春秋·有始》高诱有注曰："巽气所生，一曰清明风"，和暖的南风或东南风曰清明风，也叫熏风。所以，立夏之风为熏风，是日起熏风，年内平安无灾疫。

此外，立夏前后是浙江、江西、湖北、四川等地插秧的关键时期，此时天气阴晴直接关系着农作物的生长："立夏天气凉，麦子收得强"，天气凉快有益于麦子丰收；"立夏不下，犁耙高挂"，说的是如果立夏这天不下雨，就会造成农作物歉收，农活可能随之减少；"立夏落雨，谷米如雨"，立夏这天下雨有助于农作物生长；"立夏前后连阴天，又生蜜虫又生疸"，如果连阴天的话，会造成农作物病虫灾害；"立夏日鸣雷，早稻害虫多"，立夏这天有雷雨的话，早稻会生虫害。江南地区即将进入梅雨季节，雨量明显增多，要谨防涝灾以及因雨湿较重诱发的各种病害。但是，如果华北、西北等地降水仍然不多，对春小麦、棉花、玉米、高粱、花生等春作物的生长不利，应注意抗旱防灾，"立夏麦咧嘴，不能缺了水"。

图2-1　插秧（清焦秉贞《御制耕织图》）

清代有一首《沙州竹枝词》写道：

> 冬浇春种喜安苗，无雨全凭积雪消。立夏十渠量水日，一
> 分争道岁丰饶。
>
> 邑分十渠，引党河之水浇地，自冬至春浇水，谓之安苗。立夏日始分排
> 水，每户一分，即望丰收。

沙州即今甘肃省敦煌市，四周皆为沙漠戈壁包围，农耕甚是缺水，所以农人使用立夏分水的方式保证每户的耕地都能得到必要的水分灌溉。

《太平御览·时序部·立夏》有一段关于立夏占候的记载：

> 刘玄之《行军月令》曰：立夏日得金，五谷不成，夏旱多风；得木，夏寒草生；得火，多妖言，兵戈起；得土，远臣不朝，国无政令；得水，上下相和顺，天下安宁。

图2-2　浴蚕（清焦秉贞《御制耕织图》）

由此可见，立夏日人们还是充满着对于水的祈盼，所以古时人们于立夏之际祭祀雨师，《通典·礼》曰："立夏后申日，祀雨师于国城西南。"而在养蚕的地方，人们仍处在"蚕月"，民间有"立夏养蚕忙，秧青大麦黄"的说法。《四民月令》中有"四月立夏后，蚕大食"的说法，可见立夏过后正是蚕胃口最好、发育最快的阶段。四川、浙江很多地方的人此时会闭门锁户，专注于蚕事，名曰"蚕禁"或"蚕关门"。清吴江诗人郭频伽在《樗园消夏录》中说："三吴蚕月，风景致佳，红贴黏门，家多禁忌。"立夏前后，南方地区刚好迎来麦秋时节，吴地流传民歌：做天难做四月天，蚕要温和麦要寒。种菜哥儿要落雨，采桑娘子要晴干。

樱笋盈满夏

立夏之时，各种蔬果纷纷成熟，成了人们品尝美食的绝好时机，与此同时，由于温度逐渐上升，人们会慢慢觉得烦躁、上火，食欲却有所下降。因此，立夏时节的饮食习俗一般有"尝新"和"防疰夏"的功能和文化意义。

立夏尝三新，即是指吃新下来的应时鲜品，但是"三新"的内容各地都不一样，先来看这首《江阴竹枝词》：

> 樱桃红衬青蚕豆，入市三鲜立夏初。何幸圣朝恩泽渥，银鳞永免贡鲥鱼。
>
> 俗传立夏见三鲜，谓樱桃、蚕豆、鲥鱼也。

这里记载的是清代江苏地区立夏尝三新的内容，包括樱桃、蚕豆、鲥鱼。清代《清嘉录》也记载了其他地区立夏尝新的盛景："立夏日，家设樱桃、青梅、麦，供神享先，名曰立夏见三新。宴饮则有烧酒、酒酿、海蛳、馒头、面筋、芥菜、白笋、咸鸭蛋等食品为佐，蚕豆亦于是日尝新。酒肆馈遗于主顾以酒酿、烧酒，谓之馈节。"

浙江、江西等地还流行吃立夏饭，主要是以糯米加嫩蚕豆或豌豆、鲜笋和咸肉等做成的糯米饭，乡间也有用赤豆、黄豆、黑豆、青豆、绿豆等五色豆掺上白米煮成"五色饭"，含有"五谷丰登"的意思。浙江杭州人立夏还会食用乌米饭，用一种乌树叶搓碎后的汤

汁和糯米一起浸一晚上，上锅大火蒸熟成为一种紫黑色的糯米饭，《江乡节物诗》里有一首描写浙江地区"立夏饭"的竹枝词：

乌　饭

樱笋厨开节物盈，炊成白粲和青精。何如乞与胡麻饭，饱看桃花过一生。

青精饭食之延年，本道家者言，杭人呼为乌饭，亦有制以为糕者，于立夏食之。

关于乌米饭的来历，传说是战国时期孙膑被庞涓陷害，关在猪舍，老狱卒用乌饭叶煮糯米捏成一个个呈乌褐色的团子，偷偷送给孙膑吃。孙膑吃后身强体壮，逃出魏国，最终报仇雪恨。孙膑第一次吃乌米饭那天正值立夏，所以杭州一带流传立夏吃乌米饭的习俗。此外，浙江杭州人还有立夏食"野夏饭"之俗，也就是孩子们成群结队地向邻里乞求米、肉等食材，并采集蚕豆、竹笋，然后到野地里去用石头支起锅灶，自烧自吃，称为吃"野夏饭"。杭州旧时还有立夏日烹新茶馈送亲戚邻居的习俗，称"七家茶"，相传起源于南宋，至今仍然流传于西湖茶乡。明田汝成《西湖游览志馀·熙朝乐事》有载："立夏之日，人家各烹新茶，配以诸色细果，馈送亲戚比邻，谓之七家茶。富室竞侈，果皆雕刻，饰以金箔，而香汤名目，若茉莉、林禽、蔷薇、桂蕊、丁檀、苏杏，盛以哥汝瓷瓯，仅供一啜而已。"每逢立夏之日，新茶上市，茶乡家家烹煮新茶，并配以各色糕点馈送亲友邻里。

浙江台州人采苎麻嫩叶煮烂捣浆，拌以麦面粉做成薄饼，裹荤素馅料吃，多少喝点酒，或吃糯米酒酿，也称"醉夏"。浙江江山人每年立夏日的清晨时分，会将浸泡过的粳米煮到七八分熟后倾入石臼反复捣捶至成为细腻柔滑的饭团，再倾入锅内现成的米汤中煮至十分熟，并将早就切好的猪肉丝、豆腐干、小竹笋、鲜豌豆、香蒜心、野生菇、腌榨菜等荤素菜混在一起炒熟倾入粥盘拌匀，名曰"立夏羹"，也叫作"立夏耕"，提醒人们莫忘农时。

我国北方大部分地区立夏时有制作与食用面食的习俗，主要有夏饼、面饼和春卷三种：夏饼又称麻饼，有状元骑马、观音送子等各种形状；面饼，有甜与咸两种口味；春卷，用薄面饼包裹炒熟的豆芽菜、韭菜和肉丝等馅料，放在热油锅里炸到微黄后食用。

南方也有部分地区在立夏这天吃面食：闽东地区立夏时吃"光饼"，一种面粉加少许食盐烘制而成的面食，周宁、福安等地将光饼入水浸泡后制成菜肴，而蕉城、福鼎等地则将光饼剖成两半夹上炒熟了的豆芽、韭菜、肉等食用。上海立夏之日要吃用芋头和金花菜做成的煎饼，而上海郊县农民用麦粉和糖制成寸许长的条状食物，称为"麦蚕"，人们吃了可以防止"疰夏"。清代秦荣光有一首《上海县竹枝词》写道：

> 麦蚕吃罢吃摊㼈，一味金花菜割畦。立夏称人轻重数，秤悬梁上笑喧闺。
>
> 麦穗磨黏如蚕，名"麦蚕"，食之不疰夏。以金花菜入米粉，名"草头摊㼈"，均立夏日食。立夏日用秤称人轻重，验一年肥瘦，亦主不疰夏。

立夏最常见的饮食习俗就是吃"立夏蛋"，俗语说："立夏吃了蛋，热天不疰夏。"人们认为，立夏日吃鸡蛋能经受"疰夏"的

图2-3 立夏称人 [申报馆编印《点石斋画报》(1884—1889年)]

考验，平安度过炎热的夏季。中国传统医学理论认为夏季宜养心，而传统观念认为"心如宿卵"，所以在夏天到来的时候吃蛋的作用是补心。除此之外，孩子们还有"胸前挂蛋"的习俗。在立夏这一天，妈妈会挑些鹅蛋、鸭蛋、鸡蛋等，煮熟后用自制的网兜兜着，挂在孩子的脖子上，以祈求孩子在夏季健康成长："立夏胸挂蛋，孩子保平安"。而胸前挂上蛋的孩子则会三三两两围在一起玩斗蛋，即蛋头对蛋头，蛋尾对蛋尾对碰，蛋破的人即为输。

在我国很多地方，立夏有吃槐豆的习俗。民间认为，吃槐豆可以壮腰补肾，插秧、耘田时不会吃力。民间还有立夏吃李子的习俗，认为食李美颜，如果把李子榨汁混入酒中喝，能青春长驻，称之为"驻色酒"。还有很多地区，立夏流行吃笋的习俗，认为吃了笋可使腿脚更好，民国山东武城地区有一首竹枝词写道：

　　　　枣头龙眼杂元香，立夏芳辰试共赏。向午合家还食笋，越娘脚健胜无娘。

　　　　立夏日，食补品俗谓贴夏，食笋俗谓接脚骨。元香，荔枝别名。

同样，浙江湖州山乡的人则是去挖野笋，放在炭火中煨熟后蘸些盐、酱油和胡椒粉吃，谓之"健脚笋"；浙江建德的山里人也上山拔野笋，整条放入盐水里泡着吃，谓之"吃健脚笋"；四川山区家家要吃笋。据说吃了健脚笋，可使脚骨康健。湖北通山人立夏吃泡（草莓）、虾、竹笋，谓之"吃泡亮眼、吃虾大力气、吃竹笋壮脚骨"。

诸多的饮食当是为了"苦夏"而起，人们在夏天很容易食欲不佳，体重减少，为了健康，人们会在立夏称称体重记录一下。立夏称人兴于南方，据说起源于三国时的蜀国。刘备死后，诸葛亮把阿斗交赵子龙送往江东，请刘备的继室孙夫人代养。这一天正是立夏，孙夫人当着赵子龙的面给阿斗称了体重，之后悉心养护，到来年立夏再称一次，看体重增长多少。此后便流传开去，成为立夏称人的习俗。立夏称人一般分室外、室内两种：室外悬秤于大树上，主要是为老人和孩子称体重，以检验一年的胖瘦；室内则悬秤于屋梁，闺阁女眷互相称量，笑语纷飞，清代诗人蔡云曾描述过这种情景：

风开绣阁扬罗衣，认是秋千戏却非。为挂量才上官秤，称量燕瘦与环肥。

迎夏禁忌多

从起源看，立夏是二十四节气中较早确定的节气之一，即"四立"之一。立夏作为一个季节的开始，自古以来受到人们的重视。

古时，立夏是朝廷十分关注的时节，天子会在立夏这一天率领文武群臣到南城郊外迎夏。据史料记载，远在周代，就已形成了一整套完备的迎夏礼仪。

图2-4 祭灶（禄是道《中国民间信仰研究》1918年英文版）

立夏前三天，周天子要开始斋戒，立夏当天亲率三公九卿大夫到南郊去迎夏，并举行隆重仪式，祭祀炎帝、祝融。汉代，迎夏活动承自周代，《后汉书·祭祀志》载："立夏之日，迎夏于南郊，祭赤帝祝融。车服皆赤。歌《朱明》，八佾舞《云翘》之舞"，迎夏大礼中车旗服饰一律赤色，同时歌舞，以表达对火神的祭祀和对丰收的祈求。据《后汉书·礼仪志》，此时立夏还有祭灶的活动，《白虎通义》解释说："夏祭灶者，火之主人，所以自养也，夏亦火王，长养万物。"一直到清初，官方都有立夏祭灶制度。据《唐六典·尚书礼部》，"春享则兼祭司命及户，夏享则兼祭灶"，《宋史·吉礼志六》记载："立夏祭灶于庙门之东，制肺于俎。"除了官方祭祀之外，民间也有立夏祭灶的习俗，清光绪《归安县志》记载，在今浙江湖州归安一带有"立夏日祀灶，以火德王也"之俗。

古人在立夏这天举行的祭祀活动，除祭火神、灶神外，也会祭祀其他神灵。据民国《藁城县志》，在河北藁城一带，过去在立夏日要用黑鱼祭雹神，以祈夏季免冰雹之灾。如今，"冰神祭祀"仍是河北邢台平乡县的民俗类非物质文化遗产项目。冰神祭祀又叫祭冰神、祭冷神，祭祀活动是在每年的立夏日，由村民自发成立的非宗教性村社组织"龙神会"主持开展，以祭祀一百零八位龙王为主，向神灵祈求风调雨顺、五谷丰登，免受冰雹之害。根据明清、民国县志的相关记载和村里老会首的陈述，冰神祭祀活动在后张范村有两百年左右的历史。

立夏时节，部分地区的民众还要注意避防蛇虫。清乾隆元年《云南通志》载，四月立夏之日，"插皂荚枝、红花于户，以厌祟，围灰墙脚以避蛇"。清光绪年间云南《腾越州志》也说："立夏日，插皇角遽奸嚚贺，以厌胜，闰麻摄鲤以避蛇。"清代《浪穹县略志》记云南大理一带风俗："立夏，插白杨于门，以灰洒房屋周围，名曰'灰城'，以避虺毒。"福建有些地方有民谚："四月八，毛虫瞎"，《政和县志》记曰："人家每户书'四月八，毛虫瞎'六字逢门张贴，以禁毛焰虫"，是日于门扇贴上字条，以求避虫害。

在步入夏季的时候，有些地方的人为了更好地度过炎炎夏日，在立夏这天也会有一些相应的禁忌，比如忌坐门槛。忌坐门槛之说流传很广，清光绪八年《嘉定县志》："夏至日，称人，云不疰夏，戒坐户槛。"清同治年间《太湖县志》："立夏日，取笋苋为羹，相戒毋坐门限，毋昼寝，谓愁夏多倦病也。"据说，立夏这天坐门槛，夏天里会疲倦多病。

在云南澄江地区，每年立夏人们要在西龙潭赶一次庙会，邀请戏班子，酬谢龙王，祈求风调雨顺、五谷丰登，当地人们称之为"会火"，后来，会火演变为澄江人民的立夏节。

第二节　小满动三车

　　小满是夏季的第二个节气，同时也是孟夏的第二个节气。《三礼义宗》曰："小满为中者，物之生长小得并满，故以小满为名也"，《淮南子》曰："满，冒也。音比太蔟。太蔟，正月律也。蔟之言阴衰阳发，万物蔟地而生。"从小满开始，以麦类为主的夏收农作物的籽粒已经结果并渐渐饱满，但是尚未成熟，所以称之为小满。

　　太阳运行至黄经 60 度时，即为小满，属于农历四月中气。从公历 5 月 21 日前后开始，每五日为一候，小满共有三候：

　　小满初五日，一候苦菜秀。《颜氏家训·书证》中有："易统通卦验玄图曰：'苦菜生于寒秋，更冬历春，得夏乃成。'今中原苦菜则如此也。一名游冬，叶似苦苣而细，摘断有白汁，花黄似菊。"小满之际，苦菜枝繁叶茂。

　　小满又五日，二候靡草死。《礼记·月令》曰："草之枝叶而靡细者"，方悫集解曰："凡物感阳而生者，则强而立；感阴而生者，则柔而靡"，细软的草在强烈的阳光下开始枯死。

小满后五日，三候麦秋至。《礼记·月令》："（孟夏之月）靡草死，麦秋至"，《陈澔礼记集说》曰："秋者，百谷成熟之期。此于时虽夏，于麦则秋，故云麦秋也。"初夏是麦子成熟的季节，而一般如麦子一样的谷物主要在秋天成熟，因此古人也称初夏为麦秋。宋代寇准有一首《夏日》诗写道："离心杳杳思迟迟，深院无人柳自垂。日暮长廊闻燕语，轻寒微雨麦秋时。"

《逸周书·时训解》有曰："苦菜不秀，贤人潜伏。靡草不死，国纵盗贼。小暑不至，是谓阴慝。"如果苦菜不开花，贤人潜伏不出；如果靡草不枯死，国内盗贼泛滥；如果气候不变热，那是阴气太凶恶。

三车急急作

《月令七十二候集解》有曰："四月中，小满者，物致于此小得盈满"，说的是夏收作物至小满都已经结果，即将成熟。小满时节，除东北地区和青藏高原以外，我国绝大部分地区都真正进入物候意义上的夏季，农作物生长旺盛，麦浪泛金，榴花似火，到处一派欣欣向荣的初夏风光。

农人们会在小满这天预测年景。民间谚语中，小满的"满"与雨水相连，用以形容雨水盈缺，直接关系着农作物的生长。长江中下游一带的民谚曰："小满不下，黄梅偏少""小满无雨，芒种无水"，小满时节的长江中下游地区要是雨水偏少，意味着等到了黄梅时节，很可能降雨也会偏少；黄河中下游的民谚曰："小满不满，麦有一险"，冬小麦长到小满时，就进入成熟阶段，这时最怕干热风袭击；四川盆地多有"小满不满，干断田坎""小满不满，芒种不管"等说法，小满时田里如果蓄不满水，就可能造成田坎干裂，甚至芒种时也无法栽插水稻。旧时历书上还有这样的记载：

"小满甲子庚辰日，定时蝗虫损禾苗"，即民间忌讳小满日是甲子日或庚辰日。如果小满遇到甲子或庚辰，到秋收时节就会闹蝗灾，把农夫辛苦一年的劳作全吃掉。

民谚"小满动三车"，"三车"指的是丝车、油车、水车，这句说的是治车缫丝，昼夜操作；车坊磨油，待以贩卖；用连车递引溪河之水，传戽入田。此时蚕开始结茧了，养蚕人家忙着摇动丝车缥丝；收割下来的油菜籽等待着做成菜籽油；农田里早稻的生长和中稻的栽培等都需要充足的水分，农民们便忙着踏水车翻水。清代有一首《水阁竹枝词》写道：

桑柘阴阴屋角东，竹篱斜出鸭桃红。居人共道三车动，却喜初来舶艘风。

谚云：小满动三车，谓丝车、油车、水车也。

水阁，即今浙江省丽水市附近，词中写道，小满正是各种农事最为繁忙之时。旧时浙江海宁一带，民间有小满"抢水"习俗，多由年长执事者召集各户，确定日期，黎明时分燃起火把，在水车基上吃麦糕、麦饼、麦团，执事者以鼓锣为号，群以击器相和，踏上小河上事先装好的水车，数十辆一齐踏动，把河水引灌入田，至河水干方止。

小满时节，陕西关中地区有"看麦梢黄"的习俗，即每年麦子快要成熟的时候，出嫁的女儿要到娘家去探望，询问夏收的准备情况。此时，女婿、女儿携带礼品如油旋馍、黄杏、黄瓜等，去探望娘家人。有农谚云："麦梢黄，女看娘，卸了杠枷，娘看冤家"，说的就是，夏忙之前女儿去探问娘家的麦收情况，忙完之后，母亲再回过头来探望女儿的情况。

小满开秧门是江西浮梁等一些水稻生产地区的重要农事民俗活动。小满这一天，很多农户于凌晨便到了田头，拿着纸和香绕田一周，然后在田地四角上礼拜，祈求风调雨顺、五谷丰登。有些地方开秧门如同办喜事一样，农家会买鱼称肉做豆腐，以丰盛的饭菜招待来帮助插秧的人。开秧门，象征着一年农事的正式开始，所以有很多禁忌：插第一行秧时忌开口，认为开了口以后要伤筋；讲究在合拢处要留缺口，也就是留秧门；下田拔秧时，左脚先下，先拔两三根秧苗，用其根须擦手指，否则会发"秧风"；忌随便传递秧把，认为这样做会使两人之间产生矛盾，必须把秧丢在水田中再拣起；忌抛秧时把秧抛在别人身上，若被甩中，俗称"中秧"，即为遭殃。

久阴东虹断

小满前后，北方小麦开始黄熟，南方桑蚕开始结茧，为了表达对丰收的祈盼，南北地区此时都有祭祀的活动。

小满会盛行于北方小麦耕作地区，其中以河南济源地区的小满会较为盛大。济源小满会是在济渎庙祭祀水神的历史基础上发展而来的，在小满前后三五天内举行，古时有官府隆重的祭典仪式，也有百姓自发的供奉叩拜，并且包括百戏、杂耍等娱乐项目以及货物交易等活动，体现着国家祭祀和民间信仰的结合。

济渎庙，全称济渎北海庙，坐落于济源市西北济水发源地，是古"四渎"唯一一处保存最完整、规模最宏大的历史文化遗产。济水为四渎之一，济水神被称为济渎神，济水原称"北渎大济之神"，隋代朝廷建庙祭祀，自此历代皇帝遣使莅临，举行盛大祭典活动。唐宋时期，但凡国之大事，如天灾人祸等都要向济水神祭告。民间

的祭祀活动更是频繁有加，一直延续下来。唐代李颀有一首《与诸公游济渎泛舟》诗，记述了这一情景：

> 济水出王屋，其源来不穷。沇泉数眼沸，平地流清通。
> 皇帝崇祀典，诏书视三公。分官祷灵庙，奠璧沉河宫。
> 神应每如答，松篁气葱茏。苍螭送飞雨，赤鲤喷回风。
> 洒酒布瑶席，吹箫下玉童。玄冥掌阴事，祝史告年丰。
> 百谷趋潭底，三光悬镜中。浅深露沙石，蘋藻生虚空。
> 晚景临泛美，亭皋轻霭红。晴山傍舟楫，白鹭惊丝桐。
> 我本家颍北，开门见维嵩。焉知松峰外，又有天坛东。
> 左手正接篱，浩歌眄青穹。夷犹傲清吏，偃仰狎渔翁。
> 对此川上闲，非君谁与同。霜凝远村渚，月净蒹葭丛。
> 兹境信难遇，为欢殊未终。淹留怅言别，烟屿夕微濛。

如今，济源当地人仍然认为麦收的时候如果刮风，麦子会掉落，如果下雨，就没有办法割麦，所以要到济渎庙祭祀烧香祈求收麦顺利。一般来说，济源地区的农人会在过了小满会十天后开始收麦子。济渎神，当地人通常称呼济渎老爷或是老渎爷，神像为睡姿，一般称"睡济渎"，据说一旦济渎神不睡了，就要发生祸事。济渎神还有三位娘娘：神后执金印，协同掌管人间正事；东边为和济娘娘，执金圭，掌管百姓财产；西边为永济娘娘，执玉拂，负责众生衣食起居。小满会期间，济渎庙内有道士承接法事活动，济渎庙外则以戏曲表演和商贸活动为主。

与北方小麦耕作地区不同，以丝织业为盛的江南地区则是以与蚕相关的神祇的信仰和祭祀为多。小满前后，正是春蚕吐丝结茧的时期，许多相关祭祀都集中于此时，其中尤以盛泽蚕神祭祀和小满戏最为出名。

盛泽先蚕祠始建于清道光年间，是由当地蚕业公会出资兴办，祠内供奉轩辕、神农、嫘祖。小满这天，据传是蚕花娘娘嫘祖的生日，因此盛泽坊间会举办隆重的庆典，小满戏也就应运而生。民国年间，沈云所作《盛湖竹枝词》有曰：

图2-5 祭祀蚕神（清孙家鼐等编《钦定书经图说》）

> 先蚕庙里剧登场，
> 男释耕耘女罢桑。只为
> 今朝逢小满，万人空巷
> 斗新妆。

按照传统，小满戏一般要唱满三天，第一天为昆剧，正日及后一日为京剧，均邀请江南名班名伶登台，剧目一般都是祥瑞戏，带有"私""死"这些与"丝"谐音的剧目严禁上演。茅盾主编的《中国的一日》书中收录有《盛泽的小满戏》一文，其中写道：

> 据说丝行的祖先，蚕花娘子是其中之一，他们要纪念这蚕花娘子，并且希望蚕花娘子保佑四乡农民所养的蚕有丰满的收

成，所以有这种迷信举动，但是他们一半是为自己的利益着想，一半是想盛泽整个绸市的发展，因为蚕的收成一好，丝业和绸业在经营上比较顺利一点。

2007 年，吴江市人民政府公布小满戏为第一批吴江市级非物质文化遗产名录项目；2009 年，苏州市人民政府公布小满戏为第四批苏州市级非物质文化遗产名录项目。

是日苦菜秀

小满节气的到来往往预示着夏季闷热的天气即将来临，也是阳气最为旺盛的节气之一，人体的生理活动达到最盛时期，消耗的营养物质也为四季中最多的，因此应及时适当补充能量，才能使身体五脏六腑不受损伤。

小满前后是吃苦菜的时节。苦菜是中国人最早食用的野菜之一，《周书》曰："小满之日苦菜秀"，《诗经》曰："采苦采苦，首阳之下。"

图2-6　苦菜

　　苦菜味感甘中略带苦，可炒食或凉拌，李时珍称它为天香草，《本草纲目》记曰："久服，安心益气，轻身、耐老"。在明代的《救荒本草》中，苦菜的吃法是采苗叶炸熟，用水浸去苦味，淘洗净，油盐调食。据说，当年苦守寒窑十八年的王宝钏便是靠苦菜活命的。

　　苦菜分布很广，除宁夏、青海、新疆、西藏和海南省外，全国各地均有分布，也有着各种各样的名称，山东人叫蛇虫苗，宁夏人叫苦苦菜，陕西人叫苦麻菜。

　　小满前后，人们吃的另外一种节令食品俗称"捻捻转儿"。小满前后，田里的麦子籽粒日趋饱满，人们便把硬粒还略带柔软的大麦麦穗割回家，搓掉麦壳，用筛子等把麦粒分离出来，然后炒熟，将其放入石磨中磨制出缕缕面条，再加入黄瓜、蒜苗、麻酱汁、蒜末等，就做成了清香可口的"捻捻转儿"。因为"捻捻转儿"又与"年年赚"谐音，寓意也是非常吉祥，所以很受人们的喜爱。

　　小满时节，许多地方有吃油茶面的习俗。此时，新麦刚熟，人们会把已经成熟的小麦磨成新面，然后放入锅内，微火炒成麦黄色，再将黑芝麻、白芝麻等炒出香味，核桃炒熟剁成细末倒入炒面中拌匀，然后放上适量的白糖和糖桂花汁或是根据自己的喜好加入盐或其他调味品食用。

第三节　芒种雨涟涟

　　芒种是夏季的第三个节气，同时也是仲夏的第一个节气。《三礼义宗》曰："五月芒种为节者，言时可以种有芒之谷，故以芒种为名"，《历疏》曰："芒种，谓谷芽始出，故曰芒种"。"芒"指麦类等有芒植物的收获，"种"指谷黍类作物播种的节令，《月令七十二候集解》有曰："五月节，谓有芒之种谷可稼种矣"，意思就是有芒的麦子快收，有芒的稻子快种。此时，夏熟农作物饱满成熟，可以开镰收割，其他的秋熟农作物可以进行播种了。

　　太阳运行至黄经 75 度时，即为芒种，属于农历五月节令。从公历 6 月 6 日前后开始，每五日为一候，芒种共有三候：

　　芒种初五日，初候螳螂生。芒种之时，螳螂卵感受到阴气初生破壳生出了小螳螂，如果小螳螂没有出现，则说明阴气未生。

　　芒种又五日，二候鵙始鸣。鵙，伯劳也，《本草》作博劳。伯劳鸟开始在枝头出现，并且感阴而鸣。

　　芒种后五日，三候反舌无声。《礼记》孔颖达疏："反舌鸟，春始鸣，至五月稍止，其声数转，故名反舌。"一般认为，反舌鸟就是百舌鸟，是鹟科鹟属的鸟类，歌声嘹亮动听，并善仿其他鸟鸣。芒种之际，喜欢学习其他鸟叫的反舌鸟停止了鸣叫。

《逸周书·时训解》有曰："螳螂不生，是谓阴息。䴗不始鸣，令奸壅逼。反舌有声，佞人在侧。"如果螳螂不生出，这叫阴气灭息；如果伯劳鸟不叫，政令不行而奸邪逼人；如果百舌鸟还在叫，定有巧佞之人在君侧。

芒种忙耕种

芒种时节是我国农业生产最为繁忙的季节。芒种一到，秋熟作物要播种，春种作物要管理，夏熟作物要收获，可谓"芒种芒种，连收带种"。从农谚来看，时至芒种，全国各地都是一片农忙的景象：福建"芒种边，好种籼，芒种过，好种糯"；陕西、甘肃、宁夏"芒种忙忙种"；江西"芒种前三日秧不得，芒种后三日秧不出"；贵州"芒种不种，再种无用"；江苏"芒种插得是个宝，夏至插得是根草"；山西"芒种芒种，样样都种"；四川、陕西"芒种前，忙种田；芒种后，忙种豆"；等等。

芒种时节的天气直接关系着农作物的生长，各地都有相关的民谚。广东地区："芒种夏至是水节，如若无雨是旱天"；湖南地区："芒种刮北风，旱情会发生""芒种打雷年成好"；福建地区："芒种夏至常雨，台风迟来；芒种夏至少雨，台风早来"；河南地区："芒种晴天，夏至有雨；芒种有雨，夏至晴天"；陕西地区："芒种闻雷美自然"；江苏、河北地区："芒种刮北风，旱断青苗根"；江西地区："芒种雨涟涟，夏至旱燥田"；安徽地区："芒种西南风，夏至雨连天"；等等。

我国江南地区此时进入梅雨季节，《埤雅》曰："江、湘、二浙四五月间梅欲黄落，则水润土溽，柱础皆汗，蒸郁成雨，谓之梅

图2-7　布秧（清焦秉贞《御制耕织图》）

雨"，《四时纂要》中说："闽人以立夏后逢庚入梅，芒种后逢壬
出梅。"空气湿度大、气温高，庄户人家存放的物品极易长毛发霉，
所以不少地方也把梅雨称为"霉雨"。而与梅雨相关的民间谚语也
是劳动人民在生产实践中的经验积累：或以冬春季节的风向预测芒
种节气的降水，如"三九欠东风，黄梅无大雨""行得春风，必有
夏雨"；或用冬春季节里的天气预测梅雨的多寡，如"雪腊月，水

黄梅"　"寒水枯，夏水枯"　"发尽桃花水，必是旱黄梅"；等等。
清代《沪城岁事衢歌》中写道：

> 云宇连朝润气含，黄梅十日雨毵毵。绿林烟腻枝梢重，积
> 潦空庭三尺三。
>
> 仲夏霪雨经旬，为黄梅雨；如不雨，为旱黄梅。防岁歉，大率以多雨为
> 妙，谓"大小黄梅三尺三"。

　　皖南地区，每到芒种时节种完水稻，为祈求秋天有个好收成，
家家户户都要举行安苗祭祀活动，即用新麦面蒸发包，把面捏成五
谷六畜、瓜果蔬菜等形状，然后用蔬菜汁染上颜色，作为供品，祭
祀神灵汪公。据民间传说，唐初农民起义头领汪华为保一方平安，
将其占据的歙、杭、宣等六州上表归唐，受到唐高祖表彰，被封为
越国公，奉命进京受封为忠武将军。汪华从民到官，为人刚正、清
廉，深得百姓爱戴，六州各地均立庙祭祀，尊其为汪公菩萨、汪公
大帝或花朝老爷。皖南芒种安苗祭祀活动，即是通过拜祭汪公，祈
求五谷丰登。
　　浙江云和县梅源山区在芒种当天举办"开犁节"，来自启动夏
种的地方传统民俗，主要包括鸣腊苇、吼开山号子、芒种犒牛、祭
神田分红肉、鸣礼炮、开犁、山歌对唱等活动，如今已经成为当地
梯田农耕文化的重要载体。
　　我国西北地区，芒种时节会出现一群特殊的务工人员，时称
"麦客子"。麦客，旧时对夏收季节外出帮人割麦者的称呼，主要是
从关中西北部、甘肃、宁夏一带前往河南、陕西赶场帮忙。因为气
候关系，小麦由东向西成熟，即陕西农谚所谓"夏东黄，秋西黄"。

"麦客子"在自家麦子尚未成熟时，成群结队到河南，而后由陕西东部渐次向西为当地农民收割麦子，待到外地麦子割得将尽，家乡麦子也该收获了，他们再回家去割自家麦子。《清诗纪事·麦客行》诗前自序曰：

> 客十九籍甘肃，麦将熟，结队而至，肩一袱、手一镰、俑为人刈麦。自同州而西安，而凤翔、汉中，遂取道阶、成而归。……秦人呼为"麦客"。

据说，这是中国西部最早、最原始的劳务输出，相沿了将近五百余年。而在我国西南地区，此时也都处在插秧的农忙时分，清代熊经壁《沮江竹枝词》里写道：

> 西南一带稻田多，水满池塘草满坡。节近芒种忙不了，村村齐唱插秧歌。

贵州东南部一带的侗族青年男女，每年芒种前后，也就是要分栽秧苗的时刻，都要举办打泥巴仗节。侗族的传统习惯是姑娘婚后一般先不住夫家，只有农忙和节庆时才来夫家小住几天。因此，当夫家定下分栽秧苗的日子后，就会邀集一些青年前来帮忙，并由新郎的姐妹去迎接新娘及其邀请的女伴回来共同插秧。新娘在前一天来时，带有一担五色糯米饭和一百个煮熟的红色鸡蛋。当天，男女青年汇集一起，既进行分插秧苗的劳动，同时也是社交和娱乐的时刻。秧田插完后，小伙子们会借故往姑娘们身上甩泥巴，姑娘们也予以还击，互相投掷。身上泥巴最多的，往往是受对方青睐的人。

节后返回娘家时，夫家姐妹要以更多的五色糯米饭和红蛋送行。

梅桑正当时

芒种来临，夏季也愈发炎热，古代认为"阳极阴生"，所以此时阴气开始出现。为了适应这个特点，人们的饮食会以清补为主。芒种时节，人们最常食用的是梅子和桑葚。

梅子，起初是作为调味品出现在古时生活中的，《尚书·说命》有曰："若作和羹，尔惟盐梅"，商高宗武丁将贤相比喻成盐和梅，是制作羹汤时不可或缺的调味品。旧历，每年五六月是梅子成熟的季节时，人们此时尤爱啖梅，宋代赵蕃《邻居送梅子·朱樱》中写道：

> 山居蔬果少，口腹每劳人。梅子欣初食，樱桃并及新。
> 供盐贫亦办，荐酪远无因。便可呼杯勺，数朝阴雨频。

梅子黄熟，江南地区便进入了梅雨季节，梅水是适合泡茶的好水，旧时民间习惯存储黄梅季节的落雨，留之烹茶。明代《食物本草》记载："梅雨时，置大缸收水，煎茶甚美，经夜不变色易味，贮瓶中，可经久。"

桑葚也是此时节的常见食品。

桑树是一种古老的树种，很早的时候人们便开始使用桑叶养蚕，后来作为果实的桑葚也理所当然地成了果腹之物，《诗经》中有曰："桑之未落，其叶沃若。于嗟鸠兮，无食桑葚。"桑葚，也叫桑枣、桑果，嫩时色青、味酸，每年四至六月果实成熟时采收，成熟以后油润多汁，酸甜适口，晒干后也可用来泡酒。

据《五代史》记载，于阗王李圣天将紫酒（即桑葚酒）作为宴请贵宾的"国酒"。入夏芒种前后，正是桑葚成熟时，适量食用不仅

能增加营养，而且有解渴、增补胃液及帮助消化的功能，有益健康。

饯送花神归

古时，芒种之际已近五月间，百花开始凋残、零落，所以人们多在芒种日举行祭祀花神的仪式，饯送花神归位，同时表达对花神的感激之情。《三礼义宗》中的"仲夏之月"条目说："五月芒种为节者，言时可以种有芒之谷，故以芒种为名，芒种节举行祭饯花神之会。"《红楼梦》第二十七回中非常生动地描写了大观园内众人为花神饯行的场面：

> 至次日，乃是四月二十六日。原来这日未时交芒种节。尚古风俗：凡交芒种节的这日，都要设摆各色礼物祭饯花神。言芒种一过便是夏日了，众花皆谢，花神退位，须要饯行。闺中更兴这件风俗，所以大观园中之人都早起来了。那些女孩子们，或用花瓣柳枝，编成轿马的；或用绫锦纱罗，叠成干旄旌幢的；都用彩线系了。每一棵树头，每一枝花上，都系了这些物事。满园里绣带飘飘，花枝招展。更兼这些人打扮的桃羞杏让，燕妒莺惭，一时也道不尽。

花神是中国民间信仰的百花之神，是统领群花之神。在中国传说中最早的花神是女夷，据《淮南子·天文训》记载："女夷鼓歌，以司天和，以长百谷禽鸟草木。"后来，人们凭借着丰富的想象力，又创造了十二月花神。"十二花神"是指一年的十二个月，每月有一种当月开花的花卉，谓之"月令花卉"，而每月有一位或多位才子、佳人被封为掌管此月令花卉的花神。但是，民间的"十二花神"也有着非常多的版本，甚至女性和男性都有。

民间花神表

农历月份	月令花卉	女性花神	男性花神
正月	梅花	寿阳公主、江采苹	林逋、柳梦梅
二月	杏花	杨贵妃	董奉、燧人氏
	兰花	苏小小	屈原
三月	桃花	息侯夫人妫氏、戈小娥	杨延昭、皮日休、崔护
四月	牡丹	丽娟、貂蝉、杨贵妃	李白、欧阳修
	蔷薇	丽娟、张丽华	汉武帝
五月	石榴	卫子夫	钟馗、张春、江淹、孔绍安
	芍药		苏轼
六月	荷花	西施、晁采	周敦颐、王俭
	秋葵	李夫人	鲍明远、谢灵运
七月	玉簪	李夫人	
	凤仙花		石崇
	鸡冠花		陈叔宝
八月	桂花	徐贤妃(徐惠)、绿珠	窦禹钧（也称窦燕山）、洪适
九月	菊花	左贵嫔（又称左芬）	陶渊明
十月	芙蓉花	花蕊夫人、谢素秋	石曼卿
十一月	山茶花	王昭君	白居易
腊月	水仙花	娥皇、女英、洛神、凌波仙子	俞伯牙
	蜡梅	佘太君（也称老令婆）	苏东坡、黄庭坚

第四节　夏至日正长

图2-8　夏至致日图（清孙家鼐等编《钦定书经图说》）

夏至是夏季的第四个节气，同时也是仲夏的第二个节气。夏至是二十四节气中最早被确定的节气之一，古人采用土圭测日影的方法确定了夏至。《月令七十二候集解》记曰："五月中，夏，假也，至，极也，万物于此，皆假大而至极也"，《三礼义宗》释曰："夏至为中者，至有三义，一以明阳气之至极，二以明阴气之始至，三以明日行之北至，故谓之至。"夏至过后，阳气消减，阴气上升，太阳直射点逐渐向南移动，正午太阳高度也开始降低，北半球白昼逐渐变短，民间有"吃过夏至面，一天短一线"的说法。一年之中，夏至日太阳高度角最高，阳光几乎直射北回归线，夏至日也是北半球一年中白昼最长、夜晚最短的一天，所以又称日长至。

太阳运行至黄经 90 度时，即为夏至，属于农历五月中气。从公历 6 月 21 日前后开始，每五日为一候，夏至共有三候：

夏至初五日，初候鹿角解。麋与鹿属同科，但古人认为二者一阴一阳。鹿的角朝前生，所以属阳。夏至日阴气生而阳气始衰，所以阳性的鹿角便开始脱落。而麋因属阴，所以在冬至日角才脱落。

夏至又五日，二候蜩始鸣。《诗》曰："五月鸣蜩。"《说文解字》："蜩，蝉也。从虫周声。"知了在夏至后因感阴气鼓翼而鸣。

夏至后五日，三候半夏生。半夏，又名地文、守田等，属药用植物。生于夏至日前后。此时，一阴生，天地间不再是纯阳之气，夏天也过半，故名半夏。

《逸周书·时训解》有曰："鹿角不解，兵革不息。蜩不鸣，贵臣放逸。半夏不生，民多厉疾。"如果鹿角不脱落，战祸不停止；如果蝉不鸣叫，贵臣们放荡淫乱；如果半夏不长出，老百姓会得传染病。

是月农稍忙

夏至时节，依然处在夏收、夏种、夏管的农忙季节。"进入夏至六月天，黄金季节要抢先"，人们要抢收小麦，又要及时抢插水稻秧，而且夏天天气变化较复杂，可能会有持续高温、暴雨、连阴雨等灾害性天气，要时刻做好抗御自然灾害的准备；"夏至农田草，胜如毒蛇咬"，此时的杂草也极易生长，会与庄稼争夺水肥，因此要抓紧时间除草。

夏至是一年"四时"之一，民间常以这一天的天气来占验农作物的收成。清代有一首《齐昌竹枝词》写道：

> 夏至今无西北风，瓜蔬果腹不嫌丰。菜鲜人嗜潮州白，薯美侬贪北地红。
>
> 邑志：夏至无西北风，则瓜蔬熟。又北地红薯，俗呼为番薯。

齐昌，一般指兴宁（今广东省下辖县级市），这里的人认为夏至日不刮西北风的话，瓜果会丰收。而同时期梅州地区的一首竹枝词写道：

> 夏至雷声息刹那，熟征早稻卜云多。如期雨泽无稀少，逐日霏霏号炒禾。
>
> 夏至不宜雷，谚云："夏至怕雷鸣。"早稻将熟时雨点霏霏，俗号炒禾雨。

这里便是通过雷雨预测年景。而在河南一带，人们忌讳夏至这天在农历五月末，因为人们认为："夏至五月头，不种芝麻也吃油"，说明其他庄稼长得好，丰收了；"夏至五月终，十个油房九个空"，表示整个年景歉收、萧条。

古时农人把夏至到小暑之间的十五天分成头时（上时，三天）、二时（中时，五天）和末时（七天）三段，称为"三时"，忌中时、末时打雷下雨，认为会影响收成甚至带来水灾。夏至到秋收，是庄稼生长的关键时期，农民们总是小心谨慎地度日，很怕得罪了上天，有损当年的收成。所以他们从这天起，不许说诅咒别人的坏话，也不剃头。《清嘉录》云："夏至日为交时，曰头时、二时、末时，谓之三时。居人慎起居，禁诅咒，戒剃头，多所忌讳。"

江苏一带农民也把从夏至起的半个月分成三段：前七天称为"头莳"，后五天为"二莳"，再三天为"三莳"，当地农谚说"头莳勿抢，二莳勿让，三莳请人带"，头莳插秧，不要抢早；二莳插秧，不要落后；三莳插秧，找人帮忙，不可延误。在部分水稻产区，农人关秧门也在夏至左右。关秧门要进行得顺利，一定要下午未时末结束。农人种好最后一亩田后，会在田的四角栽下整个秧，一来留作稻田补种之用，二来表明这季种田已完成，同时念叨"秧早返青发蓬，日后收谷无处藏"或"种田直直，稻大有力；种田弯弯，满田是谷"之类的吉利话。此外，农户禁止把秧带进村里，更不许带进家里，因为"秧"与"殃"同音。关秧门后，农人一般都要安排歇息一两天，再投入田间农事活动。

旧时，人们把夏至后第一个辰日定为分龙日，宜雨，晴则兆旱，这一天人们会敲击盆盂等，祈龙至而下雨。民间观念认为，一年之中负责降雨的赤、黄、青、白、黑五位龙王有分有合。秋收开始至第二年春种这段时间里，因为降雨忙碌了一年的龙王们都会潜入地下冬眠，第二年春耕前，龙王们醒来便各主一路，去自己的辖区行云布雨，于是便将五龙分开的日子统称为"分龙"。宋代舒岳祥有一首《分龙吟》：

五月二十分龙雨，今日霏微如下土。

前日何日何霖霪，正是分龙乃如许。

有余不足相乘除，天道人事元非疏。

何龙分得此乡雨，问龙先日何处居。

我昔游三江五湖，江湖处处皆龙潴。

我老归农卧海曲，与龙为邻无猜虞。

一盂饱饭龙所与，一片闲云龙所嘘。

百年地主属老夫，龙来龙去识我无。

神龙饮食与人异，布席欲荐寒泉蔬。

我知雨从龙身落，有时雨过堕虾鱼。

昔年海上亲眼见，龙出沧溟腾碧虚。

蜿蜒百丈露爪尾，黑水精鲜光彻躯。

龙兮只在人头上，人不语龙谁语乎。

我有一寸愚，愿龙听区区。

一村南北异时雨，天公用意何偏枯。

愿龙溥泽均八极，东海苍生诚可吁。

分龙也是毛南族、畲族的传统节日。毛南族居住在黔桂边界的大石山区，人们认为每年夏至后的头一个时辰是水龙分开之日，水龙分开就预示着风调雨顺，所以家家户户都会蒸五色糯米饭并于田间祭祀，祈求风调雨顺，五谷丰收。福建东部地区的畲族信仰龙王，为防止"龙过山"损坏庄稼，便在作物落土后进行分龙，以祈求龙王不做水患，保佑丰收。

夏至吃食丰

夏至阳气最旺、积阴初起，《伤寒论》中说："夏至之后，一阳气下，一阴气上也。斯则冬夏二至，阴阳合也"，所以人们要顺应阳盛于外的特点，节令吃食以清淡、易消化为主。

夏至吃面流行于全国大部分地区，北方一般吃打卤面和炸酱面，南方一般吃阳春面、干汤面、三鲜面等。炎夏之际，人们一般会食欲不振，俗谓"苦夏"。此时，人们会慢慢开始改变饮食，以清凉的食品为主，凉面通常为一般家庭的首选，清潘荣陛《帝京岁时纪胜》：

> 是日，家家俱食冷淘面，即俗说过水面是也。乃都门之美品。向曾询及各省游历友人，咸以京师之冷淘面爽口适宜，天下无比。谚云："冬至馄饨夏至面。"

夏至时节，江南地区也吃麦粽，唐代诗人白居易有一首《和梦得夏至忆苏州呈卢宾客》诗中写到苏州夏至的节气食俗，其中即有粽子：

> 忆在苏州日，常谙夏至筵。粽香筒竹嫩，炙脆子鹅鲜。
> 水国多台榭，吴风尚管弦。每家皆有酒，无处不过船。
> 交印君相次，褰帷我在前。此乡俱老矣，东望共依然。
> 洛下麦秋月，江南梅雨天。齐云楼上事，已上十三年。

后来，很多地方志中记载了人们夏至吃粽子的习俗，比如，明正德《姑苏志》记载："夏至作角黍，食李以解疰夏疾"，这里的角黍即是粽子。后来，人们更多地在端午节吃粽子，所以夏至基本以吃麦仁粥为主，清代姚文起有一首《支川竹枝词》写道：

> 缚艾悬蒲百事烦，雄黄五日酒盈樽。不如夏至偏崇俭，粒麦无多煮粥飧。
> 夏至日，以麦仁、糯米煮粥，谓之"夏至麦"。

夏至日，浙江有些地区做醮坨，将米磨粉，加韭菜等佐料煮食，俗称"圆糊醮"，民间有谚云："夏至吃了圆糊醮，踩得石头咕咕叫"。旧时，很多农户还会将醮坨用竹签穿好，插于每丘水田的缺口流水处，并燃香祭祀，以祈丰收。

夏至祀方泽

夏至作为二十四节气中最早被发现和记录的节气之一，在古时有着十分重要的时序意义。夏至时值麦收，自古以来有在此时庆祝丰收、祭祀祖先之俗。因此，夏至作为节日，也被纳入古代礼典。汉代蔡邕《独断》记曰"夏至阴气起，君道衰，故不贺"，说明夏至阴气生，是一个需要避忌的日子，因为阴气的滋生往往意味着鬼魅力量的增长，所以人们往往要用五色桃木装饰门来避各种灾祸。而此后历代的夏至日，朝廷官员一般都有假期，可以回家休整。

《周礼·春官》有曰："夏日至，于泽中之方丘奏之，若乐八变，则地示皆出，可得而礼矣"，可以消除疫病、荒年与死亡。《管子·轻重己》记载：

> 以春日至始，数九十二日，谓之夏至，而麦熟，天子祀于太宗，其盛以麦；麦者，谷之始也。宗者，族之始也。同族者人，殊族者处。皆齐大材，出祭王母，天子之所以主始而忌讳也。

这段话的意思是：从春分算起，数九十二天，叫作夏至，而此时新麦成熟。天子此时应祭祀太宗，其祭品即用新麦。因为麦是粮食中最早生的，而宗是家族中最原始的。同族者可以入场致祭，异族者止步。但不论同族异族应当共同斋戒。以大牲致祭，同时要祭祀祖母。这是表示天子尊重血缘之始和追思死去的先人。《史记·

封禅书》记载："夏日至，祭地祇。皆用乐舞，而神乃可得而礼也。"汉以后，"夏祭"渐成规矩，且历代沿袭。

至清代，夏至大祀方泽仍为国之大典，一般于地坛举行祭祀仪式，企盼风调雨顺、国泰民安。

民间也有夏至祭祀的习俗。《四民月令》有曰："夏至之日，荐麦、鱼于祖祢，厥明祠冢。前期一日，馔具，齐，扫涤，如荐韭卵。"明清地方志记录民间在夏至举行秋报、食麦、祭祖活动，如嘉靖河北《威县志》："夏至，村落各率长幼以祭，名曰麦秋报"，感谢天赐丰收；万历安徽《滁阳志》："夏至日食小麦、豌豆、郁李，戴野大麦一日，具疏食祀天神，人家多不荤。"以上都是有关夏至日祭神祀祖的记载，取使其尝新麦之意。如前所述，在江苏很多地方，人们仍以新收获的米麦粥祭祖，让祖先尝新，而在浙江会稽一带则用面食祭祖。此外，浙江东阳的农民要置办酒肉，祭祀土谷之神，还要用草扎成束，插在田间祭之，叫作"祭田婆"。

夏至过后，即将入伏，除去祭祀之外，消夏避暑是这个时间段内比较普遍的日常活动。每年最热的一段时期，旧时人们通常称之为"三伏"。一般来说一伏为十天，头伏、二伏、三伏共三十天，但是有些年份的中伏为二十天，所以有时"三伏"或为四十天。一般来说，"三伏"的计算时间如下：初伏的第一日为自夏至日起的第三个庚日；三伏的第一日为立秋日起的第一个庚日。庚日是干支纪年法，即"甲、乙、丙、丁、戊、己、庚、辛、壬、癸"称为十天干，"子、丑、寅、卯、辰、巳、午、未、申、酉、戌、亥"称为十二地支。由于一年的天数，不是十的整倍数，故某年某月某日为庚日，而下年的同一日就不会是庚日。这就造成夏至日起的第三

个庚日及立秋日起的第一个庚日，均为不确定日，前后变化在十日之内。一般来说，每年头伏的第一日在 7 月 11 日至 21 日之间，末伏的第一日在 8 月 7 日至 17 日之间。

古时，皇帝会在夏至日颁冰，赏赐下臣，以解暑气，唐代杜佑《通典》云："夏颁冰掌事，暑气盛，王以冰颁赐，则主为之。"普通老百姓也很重视夏至，其重要的活动自然也是消暑。清代韩鼎有一首《历阳竹枝词》写道：

> 夏至齐夸日最长，牧童锣鼓闹丁当。炒焦蚕豆新烧酒，爆竹喧轰正夕阳。
>
> 夏至日，牧童结会，锣鼓齐鸣，俗名"打夏"。

这里描述的是，夏至日孩子们用敲鼓打锣的方式度过炎炎夏日的生活。据考，晋代私塾在六月六日开始放假，夏至之时的儿童们很可能处在现代意义的暑假之中。

图2-9　彩扇（南京博物院藏）

古时夏至日，闺阁之间还会互相赠送折扇、脂粉等物件。唐段成式《酉阳杂俎·礼异》曰："夏至日，进扇及粉脂囊，皆有辞"；《辽史·礼志》记载："夏至之日，俗谓之'朝节'，妇人进彩扇，以粉脂囊相赠遗。"所谓"朝节"即互相赠送礼物。人们互相赠送寓意消夏避暑的礼物，以示对于节气转换的重视。为了度过炎热的夏季，人们还会"数九"：

> 消夏相传消九九，只愁暑气未全收。最宜六月初三雨，阵阵风凉到立秋。

> 俗但知九九消寒，不知九九消夏。盖自夏至日始也。周遵道《豹应记谈》云："一九二九，扇子不离手。三九二十七，吃茶如蜜炙。四九三十六，争向路头宿。五九四十五，树头秋叶舞。六九五十四，乘凉不入寺。七九六十三，夜眠寻被单。八九七十二，被单添夹被。九九八十一，家家打灰基。"谚云："六月初三得一阵，阵阵风凉到立秋。"

清代金武祥这首《江阴竹枝词》里记述的正是江苏地区从夏至日开始数九消夏的习俗。

端午阴阳争

芒种前后的农历五月初五，是为端午节，地位仅次于春节，被人称为"龙舟节""诗人节""粽子节"。在传统民俗中，端午并不是一个良辰吉日。

民间向来有"善正月，恶五月"的说法，正月为善月，人们笑逐颜开、欢呼雀跃；五月很早就被视作"恶月"，人们小心谨慎，处处避忌，五月五日，更是恶月之"恶日"，人们唯恐避之不及，这天对小儿的保护尤为关键。因此在荆楚民间形成了"躲端午"的习俗，端午节这天，年轻的夫妇要带着未满周岁的小孩去外婆家躲一躲，以避不吉。日本鹿儿岛在五月五日也有类似的节俗，母亲这天背着不到一岁的小女孩在外跳称为"幼女祭"的圆圈舞。朝鲜称五月五日为"女儿节"，出嫁的女儿都回到娘家，男女儿童用菖蒲汤洗脸，脸上涂胭脂，削菖蒲根做簪，"遍插头髻以避瘟"，朝鲜

小儿的这种打扮，称作"端午妆"。由此可知端午作为避忌日，特别是小儿的避忌日是整个东亚地区的通俗。

端午作为五月五日的节名，就目前所见资料看，始于魏晋时期。晋人周处在《风土记》中有如下记述："仲夏端午，烹鹜角黍。端，始也，谓五月初五日也。"端午本是仲夏月的第一个午日，即夏历的午月午日，后人们用数字计时体制取代干支计时体制，以重五取代重午，但仍保持着端午之名。在端午这一人文节日形成之前，夏季的节俗集中在夏至，人们对夏至时节天文物候的观测与理解，构成了夏至节俗的基本内容。端午的出现削弱了夏至时间点的标示意义，但事实上，端午以夏至时节为时间基础，端午节俗的核心是人们对夏至时节的时间体验，端午与夏至在六朝曾经并重，后随着岁时节日体系的完善，端午最终替代了夏至，但夏至的节俗功能大都潜移至端午节俗之中。

汉代以前属月令时代，人们重视自然节气的时间点。仲夏五月的重要节令是夏至，虽然五月五日在汉代已属特殊时间，但夏季的主要节俗还是集中在夏至。《礼记·月令》很严肃地对待这一时间点，"是月也，日长至，阴阳争，死生分。君子斋戒，处必掩身。"夏至是阴气与阳气、死气与生气激烈争斗的时节，人们在这一时段，要保持身心的安定，要禁绝各种情欲，尤其是色欲；行政事务亦应采取"无为"的治理方式。在古人观念中，自然节令日是阴阳运动的关键日，也是人们精神紧张的时日，因此小心避忌，谨慎过关，是当时人们的心态。

由于夏至时节阴阳二气的激烈争锋，阳迫于上，阴迫于下，蛇虫出没，暑毒盛行。人们在这样恶劣的环境下，感受到生存的困难，因此人们将夏至所在的五月，视作"恶月"。既是恶月，自然会有诸多禁忌，《风俗通》曰："五月盖屋，令人头秃"，"五月到官，至免不迁"。《论衡·四讳》："讳举正月、五月子，以为正月、五月子杀父与母。"重重的禁忌表达了汉代人对五月的关注。我们在注意到五月自然气候对人的生存状态的影响时，更应该看到汉代人对五月的认识是基于一种文化观念。《夏小正》的时代，五月并没有被视作恶月，那时只有蓄兰、蓄药保健身体的习俗。到了汉代，神秘思想流行，人们以阴阳五行的观念看待自然时空的变化：就

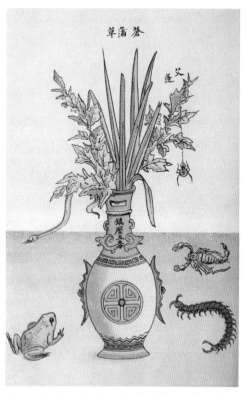

图2-10　镇压五毒（禄是道《中国民间信仰研究》1918年英文版）

阴阳五行的观念看，五月是阳气最盛的时刻，也是阳气开始衰微的时刻，在这样的时间关节点上，人们自然心存恐惧，五月也就被赋予恶的伦理意义，因此，一系列死亡型的故事也与五月发生了关联，诚如《论衡·四讳》所说："夫忌讳非一，必托之神怪，若设以死亡，然后世人信用畏避。"这种视五月为恶月的看法，主要也集中在北方。五月北方酷旱少雨，人们在这恶劣的时节只有静养"以顺其时"。

汉魏以后，北方民间逐渐将夏至节俗与人们对五月的看法聚焦

到五月五日这一时间点上。而五月五日最初来源于午月午日，在干支历中，以地支记日月，午月即在天文星图上北斗斗柄指午的月份，夏正建寅，午月即五月，午日大约在夏至前后。汉代有午月午日赏赐百官夏衣的习俗，《汉书·章帝纪》载："尝以午日赐百官水纹绫裤。"由于干支记日需要推算，一般人难以掌握，因此更容易接受数字记时方法，汉魏以后社会通行数序记月日的记时体制，于是人们在节气之外，另择时日作为人文节日，这无疑是社会文化的一大变动。因夏至节气变动的关系，人们相应形成了诸多月讳习俗，从汉魏开始这些习俗逐渐集中到了五月五日。五月五日的凸现不仅与"午""五"同音、易于记忆有关，更重要的是日渐流行的阴阳术数信仰对民众观念的影响。魏晋时代人们依据阴阳术数信仰对民间节日做了系统的整饬。据徐整《三五历记》："数起于一，立于三，成于五，盛于七，处于九。"一、三、五、七、九等奇数属天属阳，在信奉天人感应的时代，这些数字本身就具有神秘意味，因此以这些天数标示的月日自然也成为神秘的节点，而阳月阳日的重合意味着阳盛之极，不合刚柔相济之道，更得百般禁忌。从《四民月令》的记述看，东汉时期，上述月日已具特殊意义，但除正日在岁首外，其他尚未成为主要节日。魏晋以后这些重阳之日在社会上受到特别的重视，数字信仰与社会生活的紧密结合，可能与当时盛行的道教有关，道教时间观为民众的时间体系的构建提供了参照。这就是五月五日成为仲夏月讳习俗集中点的原因。

在南方土著民族那里曾经将夏至视作新年。中国远古时期就开始以天象的空间变化来标示时间的变化，人们以东方苍龙七宿在天空的位移确定季节的变换。五月仲夏时节，苍龙升至正南位置，如

《周易·乾卦》所说："飞龙在天"。由于大火（心宿二）处在苍龙的主体部分，因此这时它正悬在南方中天上，特别的醒目，上古人民将其视为季节农时的标志；《夏小正》中说："五月……初昏大火中，大火者，心也。心中，种黍菽糜时也。"《尚书·尧典》："日永星火，以正仲夏。"大火在上古时代是重要的时间标志，朝廷设有专门的职官，负责观察大火的出没与位置的变化，这种官员成为"火正"或"祝融"。楚人奉祝融为先祖，说明南方民族曾使用过以大火位置变化记述岁时的"火历"。《左传·襄公九年》："火纪时也。"这是原始的天文历，在这种远古历法中，大火的昏中、旦中正值夏至与冬至，因此分别作为冬夏两个新年的标志。冬至新年在南方山地民族仍有传承，即使在宋代仍旧以冬至重于新春。与冬至相对的夏至，也是真正太阳年的起点（不过与冬至太阳视运动的方向相反）。因此，夏至在一些民族中也被视作新年，甚至它比冬至做岁首的时间起源更早。因为古代的年度周期是以农事活动时间为基础的，大火昏见的夏至时节，正是黍菽糜等农作物播种之时，也就是新的农事周期的开始。这种以夏至为新年的习俗在南方一些少数民族如瑶族、布依族、毛南族中可以得到间接的证明。这些民族的新年在夏至附近，一般在汉族所说的分龙节这天，即五月二十九日。这与古代夏至东方苍龙星座正处南中的季节天象相关。在夏季新年中，家家都要做丰盛的菜肴，包粽子供奉祖先。并有竞渡风习。竞渡是典型的南方地域民俗，南方居民以热闹、主动的姿态度过夏至时节，这与北方静态、被动的避忌形成鲜明的对照。北方以"无为"静待阴阳的变化，南方以襄助的行为促进阴阳的转换。节俗的一静一动，体现了南北民众的文化性格与时间态度。

当然，南方居民对暑热季节也有着强烈的感受，同样出现以五

月为恶月的忌讳，不过他们采取了不同的应对方式。以夏至为中心的节俗活动构成了南北五月节的自然人文基础。由于文化与时间观念的变化，从东汉末年开始，出现了由时令节点夏至向人文节日五月五日的转移。魏晋六朝时期，因人口大规模移动的关系，南北民俗文化交融，北方恶月禁忌与南方夏至时节诸俗汇聚，五月节俗空前丰富。同时由于礼教的崩溃，月令时代的结束，人们的时间意识出现了变化，人文时间获得相对独立的地位，夏至节俗逐渐移到了五月五日。晋代周处在《风土记》中说："俗重五日，与夏至同。"这时夏至较五月五日为正节，但民间已看重五日。至南朝时，五月五日的影响已盖过夏至，成为民间的一大节日。

五月五日地位的陡升，与六朝时期南北节俗的交汇、南方历史文化因素的注入有着极大的关系。因生存环境的关系，南方楚越之地素有祭祀水神的传统，夏至时节的飞舟竞渡、饭食投江本意就在于祭神禳灾。在南北分立以前的时代，楚地久已流传着忠臣屈原的传说，据晋王嘉《拾遗记》卷十云：

> 屈原以忠见斥，隐于沅湘，披蓁茹草，混同禽兽，不交世务，采柏实以和桂膏，用养心神，被王逼逐，乃赴清泠之水，楚人思慕，谓之水仙。其神游于天河；精灵时降湘浦。楚人为之立祠，汉末犹在。

屈原在楚地很早就被视为水仙，立祠祭祀。在南北朝时期，因时势的关系，屈原的形象日益崇高。屈原不仅因赴水而死的关系被奉为水神，而且人们将他的事迹与传统的竞渡风习相结合，形成新的历史传说，祭祀屈原的时间因此也定在了五月，甚至将传统的死亡日——五月五日看作屈原的忌日，并以此日作为追悼日。南朝梁吴均在《续齐谐记》中说：

> 屈原五月五日，自投汨罗而死，楚人哀之，至此日以竹筒贮米，投水祭之。

南朝荆楚地方将悼念屈原的活动结合到五月五日的节俗之中，这是中国端午节转变升华的重要动力。虽然在此前吴越地方有五月五日祭祀伍子胥、勾践的习俗，但均因其人格魅力的不足及文化影响范围的有限，未能流播开来，他们仅为一方的习俗解说。由于屈原传说的加入，南朝之后，由南北夏至节俗交融演进的端午节的主题发生了重大变异。先秦以来单一的五月避忌主题，已开始变化为避忌与纪念并联的二重主题，伦理性节日主题的突出，具有深远的文化影响。时间节点不再是被动适应自然的意义，时间具有了庄严的伦理内涵，将岁时节日作为承载历史文化传统的时间载体，对中国民族文化来说，它具有双重意义，其一，岁时节日因人文内涵的增强而提升了它在民族生活中的地位；其二，历史文化传统因依托了岁时节日使其能够持久有效地传承。正是由于历史伦理融入了民众的时间生活，才造就了民族文化的不息生机。

图2-11　湖北秭归端午祭祀

荆楚地区不仅在地

域上处于中国南北结合的位置，在文化上也充当着南北文化交流的中介。《荆楚岁时记》适时地记录了这一新型节日，从《荆楚岁时记》记述的五月五日节俗看，其中心主题为追悼屈原与避瘟保健。具体表现为两大内容：

一、飞舟竞渡，"五月五日，竞渡，俗为屈原投汨罗日，伤其死，故并命舟楫以拯之。舸舟取其轻利，谓之飞凫，一自以为水军，一自以为水马。州将及土人悉临水而观之。"竞渡是划船者之间的技术与体能的较量，水军与水马作为竞技的双方，在水上的比试，在宗懔的时代已有相当的娱乐成分，但其主要的意义大概还在于传承楚越之地古老的水神祭祀仪式。事实上，水军与水马的交战，象征着阴阳二气的争锋。所以说飞舟竞渡其原始意义在于顺时令、助阴气，阴气的顺利上升，有利于阴阳的和谐。悼念屈原是六朝新出现的民俗主题。

图2-12 竞渡（《年节习俗考全图》中英文版）

二、避瘟保健，视五月为"恶月"，避忌的手段有：悬艾避瘟，"采艾以为人，悬门户上，以禳毒气"。佩彩丝避瘟，"以五彩丝系臂，名曰避兵，令人不病瘟"。食粽，粽，一名角黍，原是夏至节令食品，其菰叶裹黏米的包扎形式，《玉烛宝典》曰："盖取阴阳尚相包裹未分散之象也"。剥食粽子，象征着释放阴阳之气，以"辅替时节"。五月五日出现后，亦以粽子为节日食品，晋时江南端午与夏至同食粽子。从粽子的制作与食用看，粽子是南方民族的传统食品，也是南方传统的祭品，以"粢"祭神的习俗，在江南稻作区源远流长，粽即粢类食品。《荆楚岁时记》虽然只记夏至节食粽，但同是梁朝的吴均在《续齐谐记》中明确说到，五月五日楚人原以竹筒贮米，投水以祭屈原，后因避蛟龙窃食，在竹筒上塞楝叶，并缠彩丝。采药保健，是自古相传的五月节俗传统。

由于生存技术的因素，人们受制于自然的状态一直没有得到真正的改变，五月仍然是令人畏惧的时月；由于社会政治的因素，在中国社会始终存在着忧国忧民的文化传统。因此，从六朝开始，端午的避瘟与追悼这两大主题持续不衰。隋唐统一后，形成于南国水乡的端午节，逐渐扩张为全国性的节日：唐宋时期，端午成为朝野重节，当然在荆楚地方更为隆重，竞渡成为端午的主要活动，历代文人士大夫歌咏端午风俗。楚地的这种竞渡风俗明清依然兴盛，明人杨嗣昌在《武陵竞渡略》中说：竞渡事本为招屈，傍晚竞渡船散归时，"则必唱曰：有也回，无也回，莫待江边冷风吹。"竞渡时的悲歌表露着竞渡者的悲凉心态。

端午依托夏至节点，传承着古老的年节习俗，在汉魏六朝时融会南北民众对五月的时间感受，并接纳了屈原沉江的传说，在单纯的五月避忌的民俗主题基础上生发出追念屈原的主题，这不仅提高

图2-13 裹角黍 (清徐扬《端阳故事图册》，北京故宫博物院藏)

了端午在中国节俗中的地位，同时使端午发展为一个全民性的大节日。也正由于中华民族全体对端午节俗的共同重视，才保证了它传承千年的生命活力。

第五节　小暑尝新米

小暑是夏季的第五个节气，同时也是季夏的第一个节气。小暑为刚刚开始变得炎热的日子，但还没到最热。《月令七十二候集解》记曰："暑，热也，就热之中分为大小，月初为小，月中为大，今则热气犹小也。"民间有"小暑接大暑，热得无处躲""小暑大暑，上蒸下煮"的说法。小暑开始，江淮流域梅雨先后结束，南方大部分地区进入雷暴最多的季节，东部淮河、秦岭一线以北的广大地区降水明显增加，而长江中下游地区则一般为高温少雨天气。

太阳运行至黄经 105 度时，即为小暑，属于农历六月节令。从公历 7 月 7 日前后开始，每五日为一候，小暑共有三候：

小暑初五日，初候温风至。《艺文类聚·岁时》有"温风至而增热"的说法，小暑之日，温热之风至此而盛，天气越来越热。

小暑又五日，二候蟋蟀居宇。《说文解字》有"宇，屋檐也"，天气越来越炎热，蟋蟀离开田野，来到较为阴凉的庭院或村头屋角的石缝里穴居。

小暑后五日，三候鹰始鸷。鸷，凶猛的样子。《离骚》有曰："鸷鸟之不群兮，自前世而固然"，王逸注曰："鸷，执也。谓能执伏众鸟，鹰鹯之类也。"因地表高温，老鹰选择搏击长空，变得更加凶猛。

《逸周书·时训解》曰："温风不至，国无宽教。蟋蟀不居辟，急迫之暴。鹰不学习，不备戎盗。"如果温风不吹来，国家没有宽松的政令；如果蟋蟀不上墙壁，就有强暴者横行；如果小鹰不学飞，就不能防御敌寇。

小暑一声雷

小暑时节气温高、雨水丰富、阳光充足，是万物生长最为繁盛的时期。因而农民多忙于夏秋作物的田间管理。南方大部分地区，此时期常出现雷暴天气，要适当防御雷暴带来的危害，《上海县竹枝词》曰：

> 惊人小暑一声雷，倒转黄梅雨又来。六月热须宵露重，田中五谷结珠胎。
>
> 谚云：小暑一声雷，黄梅倒转来。又云：六月不热，五谷不结。然又云：三伏之中逢酷热，五谷田中多不结。盖宜昼凉而宵热，昼凉则日曝免焦，宵热则露重益滋也。

倒黄梅，指的是进入盛夏已数日，长江中下游已具盛夏特征后又再转入具有梅雨特点的天气，民谚有"小暑一声雷，倒转半月做黄梅""小暑雷，黄梅回；倒黄梅，十八天"等。

小暑卜测年景也是此时的民俗活动。

"小暑南风，大暑旱"，小暑若是吹南风，则大暑时必定无雨，就是说小暑时最忌吹南风，否则必有大旱；"小暑打雷，大暑破圩"，小暑日如果打雷，必定有大水冲决圩堤，要注意防洪防涝；"小暑西南风，三车勿动"，三车是指油车、轧花车、碾米的风车。小暑前后，西南风和东南风的交汇机会多，年景不好，农作物会歉收，油车、轧花车和风车都不动了；"小暑之时，雨热同季"，雨与小暑相伴而生。入伏以后，因暴雨形成的洪水称为"伏汛"。伏

图2-14　祭神（《年节习俗考全图》中英文版）

汛会对蔬菜和棉花、大豆等旱作物造成不利影响；"小暑无雨，饿死老鼠"，意思是说小暑日不下雨，整个夏暑就缺少雨水，秋季的收成一定不好，连老鼠都会被饿死。

入伏食新麦

"食新"是旧时小暑的习俗之一。食新就是品尝新米，割下刚刚成熟的稻谷做成祭祀五谷神灵与祖先的祭饭。祭祀之后，人们便品尝自己的劳动成果，痛饮尝新酒，感激大自然的赐予。

入伏之时，刚好是麦收的时候，所以人们用新磨的面粉包饺子或者做面条，于是民间就有了"头伏饺子二伏面，三伏烙饼摊鸡蛋"的说法。据考证，伏日吃面习俗出现在三国时期，三国时期魏国郎中鱼豢《典略》曰："北镇袁绍军，与绍子弟日共宴饮，常以三伏之际，昼夜酣饮极醉，至于无知，云以避一时之暑。"东晋史学家孙盛《魏氏春秋》谓："何晏以伏日食汤饼（面条），取巾拭汗，面色皎然，乃知非傅粉。"《荆楚岁时记》中有："六月伏日食汤饼，名为辟恶。"民间传统观念认为五月是恶月，六月与五月相近，故也应"辟恶"。

汉代流行"五行相生相克"的观念，人们普遍认为最热的伏天属火，而庚属金、火克金，所以到了伏天，"金必伏藏"，也与"以热制热"夏暑养生方也有很大关系。但是，湘西苗族的封斋日在每年小暑前的辰日到小暑后的巳日。这段时间，人们禁食鸡、鸭、鱼、鳖、蟹等物，据说如果食用了

图2-15 徐州羊肉汤

就要招灾祸，但是仍然可以吃猪、牛、羊肉。

　　吃伏羊是鲁南和苏北地区在小暑时节的传统习俗。入暑之后，正值三夏刚过、秋收未到的夏闲时候，而此时的山羊，已经吃了数月的青草，肉质肥嫩、香气扑鼻。江苏徐州民间有"彭城伏羊一碗汤，不用神医开药方"的说法。

　　伏日吃肉的习俗古已有之，《汉书·东方朔传》记载，皇帝伏日赐肉的故事：

　　　　伏日，诏赐从官肉。大官丞日晏下来，朔独拔剑割肉，谓其同官曰："伏日当蚤归，请受赐。"即怀肉去。大官奏之。朔入，上曰："昨赐肉，不待诏，以剑割肉而去之，何也？"朔免冠谢。上曰："先生起，自责也！"朔再拜曰："朔来！朔来！受赐不待诏，何无礼也！拔剑割肉，一何壮也！割之不多，又何廉也！归遗细君，又何仁也！"上笑曰："使先生自责，乃反自誉！"复赐酒一石，肉百斤，归遗细君。

　　故事讲的是：在一个三伏天，武帝诏令赏肉给侍从官员。大官丞到天晚还不来分肉，东方朔独自拔剑割肉，对他的同僚们说："三伏天应当早回家，请允许我接受皇上的赏赐。"随即把肉包好怀揣着离去。大官丞将此事上奏皇帝。东方朔入宫，武帝说："昨天赐肉，你不等诏令下达，就用剑割肉走了，是为什么？"东方朔摘下帽子下跪谢罪。皇上说："先生站起来自己责备自己吧。"东方朔再拜说："东方朔呀！东方朔呀！接受赏赐不等诏令下达，多么无礼呀！拔剑割肉，多么豪壮呀！割肉不多，又是多么廉洁呀！回家送肉给妻子吃，又是多么仁爱呀！"皇上笑着说："让先生自责，竟反

过来称赞自己！"又赐给他一石酒、一百斤肉，让他回家送给妻子。

家家晒红绿

小暑前后的农历六月初六是"天贶节"，民间也称"洗晒节"，有"六月六，猫儿狗儿同沐浴"之说。清代潘荣陛的《帝京岁时纪胜》载："内府銮驾库、皇史宬等处，晒晾銮舆仪仗及历朝御制诗文书集经史。士庶之家，衣冠带履亦出曝之。妇女多于是日沐发，谓沐之不腻不垢。至于骡马猫犬牲畜之属，亦沐于河。"夏至后，气温升高，天气非常闷热，江南地区甚至有长达数周的梅雨期，潮湿的空气使得物件极易霉腐损坏。所以，在这一天从农历六月初六皇宫到民间都有洗浴和晒物的习俗。民谚有云："六月六，家家晒红绿"，"红绿"指的就是五颜六色的各样衣服。此外，轿铺、估衣铺、皮货铺、旧书铺等要晾晒各种商品，而各地的寺庙道观也要在这一天举行"晾经会"，把所存的经书统统摆出来晾晒，以防潮湿腐烂、虫蛀鼠咬。

元明清时期，农历六月初六还是朝廷法定的"洗象日"。据载，那时的皇帝都有庞大仪仗队，由车马象、鼓乐幡伞等组成。暑热天时，大象就在都城附近的积水潭中洗浴嬉戏，引来百姓争看围观。乾隆时期，大象达三十多头，驯象师多达百人，而驯养大象的象房当时就设在宣武门内西侧城墙根一带，清代杨静亭《都门杂咏》中记载："六街车响似雷奔，日午齐来宣武门。钲鼓一声催洗象，玉河桥下水初浑。"

在民间，天贶节还有"姑姑节"或"回娘家节"的说法。每逢农历六月初六，各家各户都会请已出嫁的姑娘回家，民谚有言："六月六，请姑姑"。

相传，此俗是由春秋时期有名的宰相狐偃改过的故事而来。春秋时期，出现了大国争霸的局面，在春秋五霸中，晋国是继齐国之后又一个争得霸主地位的国家。当时的晋王是晋文公，而晋文公的周围集结了一大批贤臣良相，狐偃就是良相之一。狐偃，晋文公的舅舅，他随重耳出亡时，已逾花甲之年，但仍不辞劳苦，辅佐保护重耳，为他出了很多计策，使重耳最终得以返回晋国。公子重耳继位后，拜狐偃为相。但狐偃则因功自傲，其儿女亲家、晋国功臣赵衰，直言指责其败行，反被气死。狐偃的女婿欲在农历六月初六狐偃生日这天暗中将他杀掉，并和其妻子狐偃之女相商。狐偃之女见要杀自己的父亲，于心不忍，暗中返回娘家密告其母。此时，狐偃于放粮中亲眼看见百姓疾苦，自己也有所醒悟，回家又听到女婿的预谋，更加悔痛，于是幡然悔悟，翁婿和好，倍加亲善。为了记住这个教训，狐偃每年农历六月初六都要请女儿、女婿回来，征求意见，了解民情。

六月初，小麦即将收获完毕，女儿、女婿回娘家团聚，也是互相探问麦收情况的机会。

农历六月初六也是民间的虫王节。六月间百虫滋生，对农业和生活都是莫大的威胁。人们一方面积极捕虫，如采用火烧、以网捕、用土埋等方法；另一方面则祭祀虫王，如青苗神、刘猛将军等，同时也利用各种巫术手段驱虫。各民族都有祭虫王习俗。东北汉族、达斡尔族祭虫王爷的节日，也叫虫王节，每年农历六月初六他们杀牲祭虫王，祈求不降虫灾。彝族有火把节，在农历六月举行三天，这期间各家都点燃火把到田边照燎，做火烧天虫的送祟仪式。台湾地区的阿美族人也举行驱虫出境的驱虫祭，巫师为先导，率人手拿芭蕉叶摇动，携供品，口中念诵害虫之名，田头致祭。祭毕，全体村民绕村寨奔跑，驱虫出境。

第六节　大暑炎天热

大暑是夏季的最后一个节气，同时也是季夏的第二个节气。大暑是反映气温变化的节令气，"暑"是炎热，"大"即是炎热的程度。《月令七十二候集解》记曰："大暑，六月中。暑，热也，就热之中分为大小，月初为小，月中为大，今则热气犹大也。"大暑节气正值"三伏"天的中伏，是一年中最热的时期。

太阳运行至黄经120度时，即为大暑，属于农历六月中气。从公历7月23日前后开始，每五日为一候，大暑共有三候：

大暑初五日，初候腐草为萤。《礼记·月令》曰："季夏之月，腐草为萤"，唐代诗人徐敳写有"欲知应候何时节，六月初迎大暑风"诗句。萤火虫产卵于枯草上，大暑时萤火虫卵化而出。

大暑又五日，二候土润溽暑。溽暑，即暑湿之气，《素问·六元正纪大论》："四之气，溽暑至，大雨时行，寒热互至。"盛夏之际，天气闷热，土地潮湿。

大暑后五日，三候大雨时行。《淮南子·时则训》："大雨时行，利以杀草粪田畴，以肥土疆。"大暑之际，常有大的雷雨出现，可以使土壤肥沃。

《逸周书·时训解》有曰："腐草不化为萤，谷实鲜落。土润不溽暑，物不应罚。大雨不时行，国无恩泽。"如果腐草不变为萤火虫，庄稼颗粒会提早脱落；如果土地潮湿而不暑热，就会刑罚不当；如果大雨不按时下，国家没有恩惠给百姓。

禾黍正苍苍

大暑节气，雨水多、湿气重、气温高，于人们而言气候并不舒适，但是对于农作物来说，在雨热同期的气候条件下，生长发育则最为旺盛，民谚曰："稻在田里热了笑，人在屋里热了跳。"

古时，大暑时节播种的农作物称为"黍"，《说文解字》曰："黍：禾属而黏者也。以大暑而穜，故谓之黍。从禾，雨省声。孔子曰：'黍可为酒，故禾入水也。'凡黍之属皆从黍。"这一说法，在民间亦有流传，《龙江杂咏》提到了黑龙江地区的"黍"：

> 上谷下谷等有差，黄穈白穈种亦嘉。大暑插秧秋仲获，俗称六十日还家。
>
> 土宜穈，有黄有白，俗称伊喇，清语黍也。按《说文》，大暑下土，故名黍。今考穈子，五月种，八月熟，俗称六十日还家，与《说文》合。

对于农民来说，一年中农业生产重要的时节就在伏天，因为伏天的高温为喜温的农作物生长和高产提供了有利的条件。"禾到大暑日夜黄"，大暑时节是南方种植双季稻地区最艰苦、最紧张的"双抢"季节，当地农谚有"早稻抢日，晚稻抢时""大暑不割禾，一天少一箩"的说法。大暑时节，如果天气不热，有可能影响农作物的生长："大暑无汗，收成减半"，意思是大暑不热，则庄稼会

歉收；"大暑没雨，谷里没米"，大暑不下雨，稻子无法充分生长，稻谷就是干瘪的；"大暑连天阴，遍地出黄金"，酷暑盛夏，水分蒸发很快，旺盛生长的作物对水分的需求更迫切，如果大暑时节连阴雨可以保证相当的水分供给。

瓜李漫浮沉

大暑是一年中最热的节气，在我国很多地区经常会出现40摄氏度以上的高温天气，而在这酷热的季节，人们一般食欲不振、精神不佳，因此很多地方都会有相应的调理饮食的说法或做法。

福建莆田人有大暑吃荔枝的习俗，也叫作"过大暑"。荔枝可以补脾益肝、理气补血，增强免疫力。大暑这一天，人们通常会将采下来的鲜荔枝浸于冷井水之中，待凉后取出来享用。

广东人有大暑吃仙草的习俗。仙草又名凉粉草、仙人草，具有消暑功效。人们将仙草的茎和叶晒干后，做成"烧仙草"（凉粉），吃了可以祛暑，民谚曰："六月大暑吃仙草，活如神仙不会老"。烧仙草也是台湾地区受欢迎的小吃之一，一般有冷、热两种吃法，类似龟苓膏，也有清热解毒的功效。台湾人还有大暑吃凤梨的习俗。凤梨，俗称菠萝，一般认为大暑时节的凤梨最好吃。

清暑畅远情

大暑时节是一年中最热的时期，农作物生长最快，也是荷花盛开的时节，会给夏天带来一番别样的风景，《水经注·沔水》中写到了人们建造"大暑台"来消夏避暑："湖东北有大暑台，高六丈余，纵广八尺，一名清暑台，秀宇层明，通望周博，游者登之，以畅远情"。

大暑所在的农历六月也称"荷月"，此时荷叶田田、芙蓉出水，是盛夏中最美的风景，所以很多地方都有暑日赏荷的习俗。

宋代，每逢农历六月二十四，人们便至泛舟荷塘赏荷、消夏纳凉，民间以此日为荷诞，即荷花生日。《清嘉录·荷花荡》中记曰："（六月二十四日）又为荷花生日。旧俗，画船箫鼓，竞于葑门外荷花荡，观荷纳凉。"

古时，观莲时节还是男女青年外出约玩的好机会，清人徐明斋《竹枝词》中写道：

图2-16　荷花开

　　荷花风前暑气收，荷花荡口碧波流。荷花今日是生日，郎与妾船开并头。

大暑节前后，浙江台州椒江区葭芷一带有独特的送"大暑船"习俗。据说，清同治年间，葭芷一带有病疫流行，大暑节前后尤为严重，当地人认为是五瘟使者所致。

五瘟使者又称瘟神，是中国民间信奉的司瘟疫之神。据《三教源流搜神大全》载，隋文帝时有五位力士现于空中，身披五色袍，一人手执勺子和罐子，一人手执皮袋和剑，一人手执扇子，一人手执锤子，一人手执火壶。此为五方力士，在天为五鬼，在地为五瘟。春瘟张元伯，夏瘟刘元达，秋瘟赵公明，冬瘟钟仁贵，总管中瘟史文业，现身后天降恶疾，无法逃避。是岁果有瘟疫，国人病死者甚众。隋文帝遂立祠祀之。

于是，人们在葭芷江边建造五圣庙，祈求驱病消灾。葭芷地处椒江口附近，沿江渔民居多，所以便又商定在大暑节集体供奉五圣，用特制的木船将供品送至椒江口外，以送走瘟疫，保佑人们身体健康。

大暑前数日，葭芷江边的五圣庙会建道场，各个许愿或是还愿者纷纷将礼品送到庙内，以备大暑节装船。"大暑船"专为大暑节赶造而成，与普通的大捕船差不多大小，船内设有神龛、香案以备供奉。送大暑船时，先要举行迎圣会。迎圣会分大迎、小迎。大年为大迎，小年为小迎，三年一大迎。送"大暑船"当天早上7点，迎圣会队伍从五圣庙出发，行走周圈后再返回。迎圣会后便是送"大暑船"，此时迎圣会队伍散开，一字儿排于江堤。时辰一到，鞭炮齐鸣，江堤上众人磕头遥拜并目送大暑船起航，顺江直下海门关口，当"大暑船"飘得无影无踪时才算真正被五圣接受，谓之大吉大利。送走"大暑船"后，五圣庙戏台即开始演戏。如今，每年农历大暑期间，浙江台州葭芷一带的群众还是会送"大暑船"，但是已经跟原来不太一样。人们会把一艘制作精美的纸质"大暑船"（约渔船三分之一大小）送往江边，再由渔轮一路护送至椒江出海口，在那里把"大暑船"烧掉，意思是"送暑、保平安"。

第三章　秋月爽朗：秋季节气

　　秋季，金风玉露，硕果累累，从孟秋、仲秋行至季秋，经过立秋、处暑、白露、秋分、寒露和霜降六个节气，时间跨度大约从公历8月初到11月初，其间天气转凉、阴气生长，秋季的生活也围绕着迎秋敛气展开。

咏立秋七月节

不期朱夏尽，凉吹暗迎秋。天汉成桥鹊，星娥会玉楼。
寒声喧耳外，白露滴林头。一叶惊心绪，如何得不愁？

咏处暑七月中

向来鹰祭鸟，渐觉白藏深。叶下空惊吹，天高不见心。
气收禾黍熟，风静草虫吟。缓酌樽中酒，容调膝上琴。

咏白露八月节

露霑蔬草白，天气转青高。叶下和秋吹，惊看两鬓毛。
养羞因野鸟，为客讶蓬蒿。火急收田种，晨昏莫告劳。

咏秋分八月中

琴弹南吕调，风色已高清。云散飘飖影，雷收振怒声。
乾坤能静肃，寒暑喜均平。忽见新来雁，人心敢不惊？

咏寒露九月节

寒露惊秋晚，朝看菊渐黄。千家风扫叶，万里雁随阳。
化蛤悲群鸟，收田畏早霜。因知松柏志，冬夏色苍苍。

咏霜降九月中

风卷清云尽，空天万里霜。野豺先祭兽，仙菊遇重阳。
秋色悲疏木，鸿鸣忆故乡。谁知一樽酒，能使百愁亡。

——卢相公、元相公

第一节 立秋天气清

立秋是秋季的第一个节气，同时也是孟秋的第一个节气。"立"为开始，"秋"为秋风。立秋是二十四节气中较早确立的节气之一，大概缘于其可以被视作一个季节的开始，所以很早便已在文献中出现。在对甲骨文的考源中，"春"一般被认为是花草树木生长的样子，"秋"则被认为是虫类（蟋蟀等）的叫声，春与秋的字源都更接近与节气相关的物候，所以很容易被较早标识。西周时期，便已有四时之分。《左传·僖公五年》中所说"分、至、启、闭"便是春分、秋分、夏至、冬至、立春、立夏、立秋、立冬，由此"八节"确立。《礼记·月令》中有这八个节气的名称：立春、日夜分、立夏、日长至、立秋、日夜分、立冬，日短至。

《月令七十二候集解》中说："立秋，七月节。立字解见春。秋，揫也，物于此而揫敛也。"揫即聚集，揫敛即收敛。《管子》记载："秋者，阴气始下，故万物收。"炎热的夏天即将过去，凉爽的秋天即将来临，立秋便是秋季的开始，万物结实成形，又一个收获的季节到来了。

太阳运行至黄经 135 度时，即为立秋，属于农历七月节令。从公历 8 月 7 日前后开始，每五日为一候，立秋共有三候：

立秋初五日，初候凉风至。清冷之风即为凉风，立秋后我国许多地区开始刮偏北风，凉气始至，刮风时人们会感觉到凉爽。

立秋又五日，二候白露降。夏天刚过，白天日照仍然充足，昼夜存在一定的温差，清晨室外植物上便会有凝结而成的颗颗露珠。

立秋后五日，三候寒蝉鸣。《月令章句》有曰："寒蝉应阴而鸣，鸣则天凉，故谓之寒蝉也。"夏秋之交，温度适宜，蝉在凉风拂过的树枝上"知了知了"地鸣叫。

《逸周书·时训解》有曰："凉风不至，国无严政。白露不降，民多邪病。寒蝉不鸣，人皆力争。"如果凉风不吹来，国家政令无威严；如果早上白色露水不降，老百姓多患咳喘；如果寒蝉不鸣叫，大臣们会以力逞强。

立秋遍地黄

秋天是庄稼接近成熟的季节，立秋对于农耕有着重要的时间标识作用。农谚有"立秋三场雨，秕稻变成米""立秋雨淋淋，遍地是黄金""立秋十天遍地黄""立秋十八天，寸草皆结顶"之说。秋收的季节到来了，农人们从第一天开始便慢慢寻找能否收获的迹象了。清代秦荣光《上海县竹枝词》中记载：

雷打秋初胆碎秋，风潮秋后不须忧。却忧孛鹿秋雷闹，损我田家万斛收。

立秋日雷，俗云"打碎秋胆"，主无风潮。又云"秋孛鹿，减万斛"。

虹见当春藏在秋，秋时仍现号天收。东虹晴霁西虹雨，雨霁须分早晚求。

> 立秋后虹见，虽稔亦减收，俗云"天收"。俗语：东虹日头西虹雨。

这里说的分别是利用打雷和雨后彩虹预测年景。清代金武祥也有一首《江阴竹枝词》写道：

> 蝉声似唤夕阳留，柳陌菱塘暑渐收。屈指西风三伏尽，炎炎尚畏午时秋。
>
> 谚云："午时秋，热煞牛。"盖午时立秋，秋暑必酷且久也。

这里说的是利用立秋时间来预测秋后天气。

除此之外，各类民谚中对立秋和农耕的关系有着十分全面的记载："立秋日天气清明，万物不成；有小雨，吉；大雨，伤五谷。其日属火，不宜老人，雷雨折木，多怪异。其日东风，禾丰实稀；南风，人民安，秋旱；西风，秋有大雨，贼盗起，米谷贱；北风，有忠孝人出，冬多雪，雨水大；东北风，谷米贵，应在四十五日内；西南风，年丰民乐"；"立秋温不降，庄稼长得强"；"立了秋，哪里有雨哪里收"；"立秋有雨丘丘收，立秋无雨人人忧"；"立秋无雨是空秋，万物历来一半收"；"立秋雨淋淋，遍地是黄金"；"立秋三场雨，秕稻变成米"，等等。

除了预测年景之外，金秋也到了某些农作物收获的时候。

在湖南、广西、安徽、江西等山区，农人们利用房前屋后及自家窗台屋顶架晒、挂晒农作物，久而久之就演变成"晒秋"的农俗。尤其是江西婺源的篁岭古村，晒秋已经成了农家喜庆丰收的盛典，于是每年季秋时节篁岭便会举办晒秋节，供人观赏。

图3-1 江西婺源立秋晒秋

图3-2 江西婺源晒秋节

秋气禁寒食

立秋是进入秋季的初始，而秋季是肃杀的季节，人体的消耗也逐渐减少，食欲开始增加。秋季为人体最适宜进补的季节，以补充夏季的消耗，也为越冬储备营养与能量。《饮膳正要》说："秋气燥，宜食麻，以润其燥。禁寒饮食"，所以应以清热、润燥、安神为主，可食用芝麻、莲子、桂圆、蜂蜜、银耳等具有滋润、防燥作用的食物，以及苹果、葡萄、枇杷、茭白、南瓜等果蔬。

清代，立秋这天民间流行悬秤称人，所得重量和立夏所称之数相比，以检验人的体重变化。人到夏天，因天热没有什么胃口，饭食清淡简单，所以一个夏天之后体重大都要减少一点，人们称为"苦夏"。而那时人们对于健康的评判，往往要以胖瘦做标准，瘦了自然就要"补"，也就是所谓的"贴秋膘"。在黑龙江安达，立秋要吃面条，称为"抢秋膘"；而在河北遵化，立秋要吃瓜果、肉食，称"填秋膘"。清末民初夏仁虎有一首《旧京秋词》描述的正是老北京"添膘"的习俗：

立秋时节竞添膘，爆涮何如自烤高。笑我菜园无可踏，故应瘦损沈郎腰。

旧都人立秋日食羊，名曰添膘。馆肆应时之品，曰爆涮。烤者自立炉侧，以箸夹肉于铁丝笼上燔炙之。其香始升可知其美。惜余性忌羊，未能相从大嚼也。

以上是老北京涮肉、烤肉贴膘的记载。

此外，据《帝京岁时纪胜》记载：立秋前一天，要陈冰瓜，蒸茄脯，煎香薷饮，到立秋日合家享用，"谓秋后无余暑疟痢之疾"。香薷饮由香薷、白扁豆和厚朴三味药组成，具有解表除寒，祛暑化湿的作用。在立秋前一天，人们会煎好香薷饮后露宿一夜，次日立秋之时饮用。天津和江苏各地有立秋吃西瓜的习俗，人们认为立秋时吃瓜可免除冬天和来春的腹泻，称为"咬秋"或是"啃秋"。清代张焘的《津门杂记·岁时风俗》中就有这样的记载："立秋之时食瓜，曰咬秋，可免腹泻。"而在江南地区，立秋吃瓜也称为"咬秋"或是"啃秋"。

在浙江杭州一带有立秋日食秋桃的习俗。每到立秋日，人人都要吃秋桃，每人一个，桃子吃完要把桃核留藏起来。等到除夕，要避开人把桃核丢进火炉中烧成灰烬，人们认为这样就可以免除一年的瘟疫。浙江义乌在立秋这一天还有服食小赤豆的习俗：一般是选取若干粒小赤豆，以井水吞服，服用时脸要朝向西边，据说可以不

得痢疾。山东部分地区流行立秋吃"渣",即一种用豆末和青菜做成的小豆腐,有"吃了立秋的渣,大人孩子不呕也不拉"的俗语。

迎秋赶秋忙

秋气凝然,暑退寒至,在节气转换的重要时间点,人们也会迎来送往,以应时序,祈盼顺利度过交气之时。

周代立秋日有迎秋礼,天子亲率三公九卿诸侯大夫到西郊迎秋,举行祭祀少昊、蓐收的仪式。少昊为中国古代神话五方天帝中的西方天帝,又作少皞、少皓,又称白帝。蓐收是古代中国神话中的秋神,是白帝少昊的辅佐神,司秋。据《淮南子·天文训》载,"西方,金也,其帝少昊,其佐蓐收,执矩而治秋",也就是说他分管的主要是秋收秋藏的事。

《礼记·月令》记载:立秋前两天,天子就开始斋戒,到立秋日,其便亲率三公九卿及诸侯大夫西郊九里之处设坛迎秋。迎秋回来后,天子还要犒赏三军将士。汉代仍承此俗,《后汉书·祭祀志》记载:立秋那天,迎秋于西郊,祭祀白帝蓐收,车、旗、服饰都是白色,乐曲为《西皓》,乐舞为八佾舞《育命》。立秋那天,皇帝会率领文武百官到西郊祭祀迎秋,并下令武将操练士兵,取保家卫国之意。为了顺应秋天的服色要求,天子衣白衣,乘白色的大车,佩戴白玉,立白色的旗帜,吃糜子与狗肉,居于明堂的总章南室中,向下颁布秋令。并且寻找一些不孝不悌的有罪之人,加以处罚,以助阴气。

隋代朝廷则有立秋"祀灵星"的祭俗,《隋书·礼仪志》说:"于国城东南七里延兴门外,为灵星坛,立秋后辰,令有司祠以一少牢。"灵星又名天田星,古人认为其能主稼穑,祀之可以祈年和报功。

唐代，每逢立秋当日祭祀五帝，即五方天神，东汉王逸注《楚辞·惜诵》时指出，"五帝"即五方神，分别是东方太昊、南方炎帝、西方少皞、北方颛顼、中央黄帝；而唐代贾公彦疏《周礼·天官》"祀五帝"时指出，"五帝"为东方青帝灵威仰、南方赤帝赤熛怒、中央黄帝含枢纽、西方白帝白招拒、北方黑帝汁先纪。宋时，立秋这天，宫内要把栽在盆里的梧桐移入殿内，等到立秋时辰一到，太史官便高声奏道："秋来了。"奏毕，

图3-3　五方神（清《三教源流搜神大全》）

梧桐应声落下一两片叶子，寓报秋之意。

立秋后第五个戊日是社日，是祭祀土地神的节日。汉代以前只有春社，汉以后则有春秋二社。春社主要是祈求土地神保佑农业丰收，秋社则以收获报答感谢神明，即所谓"春祈秋报"。宋代吴自牧《梦粱录·八月》有曰："秋社日，朝廷及州县差官祭社稷于坛，盖春祈而秋报也。"宋时还有食糕、饮酒、妇女归宁（回娘家）之俗，如《东京梦华录·秋社》所载：

　　八月秋社，各以社糕、社酒相赍送。贵戚、宫院以猪羊肉、腰子、奶房、肚肺、鸭饼、瓜姜之属，切作棋子、片样，滋味

调和，铺于饭上，谓之"社饭"，请客供养。人家妇女皆归外家，晚归，即外公妻舅皆以新葫芦儿、枣儿为遗，俗云宜良外甥。市学先生预敛诸生钱作社会，以致雇倩祇应、白席、歌唱之人，归时各携花篮、果实、食物、社糕而散。春社、重午、重九，亦是如此。

后来，秋社渐微，其内容多与中元节合并，清代顾禄《清嘉录》有曰："中元，农家祀田神，各俱粉团、鸡黍、瓜蔬之属，于田间十字路口再拜而祝，谓之斋田头。案：韩昌黎诗：'共向田头乐社神。'又云：'愿为同社人，鸡豚宴春秋。'……则是今之七月十五日之祀，犹古之秋社耳。"

唐宋以来的社日，闺中女子不能动针线活儿。唐代张籍《吴楚歌》有曰："今朝社日停针线，起向朱樱树下行"，宋代张邦基《墨庄漫录》云："今人家闺房，遇春秋社日，不作组纴，谓之忌作"，清代《类腋·天部》引明代谢肇淛《五杂俎》曰："社日男女辍业一日，否则令人不聪。"民间传说，这一天如果干活儿，人就会出现厄运。

古时，民间立秋日有戴楸叶的习俗。楸是一种落叶乔木，广泛分布于河北、河南、山东、山西、陕西、甘肃、江苏、浙江、湖南等地。古代人们就把楸树作为绿化观赏树种栽植于皇宫庭院、刹寺庙宇、胜景名园之中。我国古籍中对楸树有诸多记载，西汉司马迁《史记·货殖列传》载："淮北、常山已南，河济之闲千树萩"，说明汉代人已经大面积栽培楸树。据唐人陈藏器《本草拾遗》说，唐时立秋这天，长安城里有卖楸叶供妇女儿童剪花插戴。由此可见，戴楸叶这个风俗流传久远。北宋孟元老在《东京梦华录》卷八中形容立秋这天东京人戴楸叶的情形时说："立秋日，满街卖楸叶，妇女儿童辈，皆剪成花样戴之。"宋代诗人范成大《立秋二绝》也写到人们戴楸叶的习俗：

三伏熏蒸四大愁，暑中方信此生浮。岁华过半休惆怅，且对西风贺立秋。

折枝楸叶起园瓜，赤小如珠咽井花。洗濯烦襟酬节物，安排笑口问生涯。

近代，很多地方仍有立秋日戴楸叶的习俗，如河南郑县（今郑州）的男女在立秋日都会戴楸叶，山东胶东和鲁西南地区的妇女儿童在立秋日采集楸叶或梧桐树叶戴在鬓角或胸前。民间百姓，应用一种更为常见也是更为方便的形式送暑迎秋。

湘西花垣、凤凰、泸溪等地的苗族人，立秋时节有"赶秋"的习俗：立秋这天，当地人都要停下农活，盛装打扮后结伴成群到秋坡上欢聚、庆祝，一般要进行吹笙、拦门、接龙、椎牛、打八人秋、打苗鼓等活动。同时，众人选出的两位有声望的人装扮成"秋老人"，向大家预祝丰收。赶秋这天还有集市，人们利用这个机会交换彼此手中的物品，而年轻人则多利用这一天的时间寻求伴侣、谈情说爱。民间关于"赶秋"还有一个美丽的传说：

相传很久以前，苗寨有个名叫巴贵达惹的青年，英武善射，为人正直，深受众人仰慕。一天，他外出打猎，见一山鹰从空中掠过，便举手拉弓，一箭射中。与山鹰同时坠落的，还有一只花鞋。这只花鞋，绣工极为精巧，一看就出自聪明美丽的苗

寨姑娘之手。巴贵达惹决意找到这只花鞋的主人。他设计、制造了一种同时能坐八个人的风车，取名"八人秋"。立秋这天，他邀约远近村寨的男女前来打秋千取乐。打秋千本是苗族姑娘最喜欢的活动，巴贵达惹想，那个做花鞋的姑娘，一定会来。果然，他愿望实现了。他找到了那只花鞋的主人——美丽的姑娘七娘。后来，他们通过对唱苗歌建立了感情，结成夫妻，生活十分美满幸福。从那以后，人们沿袭此例，一年一度地举行这种活动。

2014 年，花垣苗族赶秋入选第四批国家级非物质文化遗产名录，"赶秋节"逐渐加入了武术、舞狮、舞龙等表演活动。2017年，随中国"二十四节气"列入联合国教科文组织人类非物质文化遗产代表作名录的花垣苗族赶秋以"世界的赶秋·赶秋的世界"为主题，进行了"苗族大型祭秋仪式""苗族赶秋暨苗族（蚩尤）文化高峰论坛会""苗乡赶秋文艺晚会""招商引资经贸洽谈会"四大板块的活动。

西藏甘孜地区的藏民会在立秋前后举行迎秋仪式。藏历七月底（公历 8 月 10 日前后），甘孜地区的藏族人民在开镰收割前会举家而出到河边江畔，或沐浴，或嬉戏，或洗刷衣物，以涤除风尘。此时又正是即将秋收的农忙时节，甘孜寺也会组织僧众焚香祭祀神祇，祈祷农作物丰产。藏戏团也会排演传统藏戏，教诲人民弃恶从善。清人刘赞廷曾作诗赞曰：

> 绿野浮萍水一涯，温香人去浴流霞。
> 狂歌舞罢斜阳里，代醉归来踏落花。

藏族百姓正好利用秋收前的闲暇，沐浴清洁并观赏藏戏歌舞，松弛身心，以便投入之后繁忙的秋收劳作。当地百姓把立秋这个传统民俗节日称为"西西冬"，如今，甘孜县正式将这一节日定名为"迎秋节"。

云南楚雄地区的彝族会在立秋这天举行"三尖山歌会"，纪念为彝家找回太阳的三位彝族姑娘。三尖山下，彝家流传着一个故事：

古时候，天上有七个太阳。树木常青，鲜花不败，庄稼一年收七次，不知多少年后，出现了一只夜猫精。夜猫精生性喜欢黑暗，怨恨太阳，就用身上的羽毛当箭射落了六个太阳，第七个太阳吓得也不敢出来了。三个彝家姑娘站了出来，除掉了夜猫精，又出发去寻找第七个太阳。她们不停地走，也不知走了多少年月，终于在立秋这天找到了太阳，但是她们耗尽了力气，最后死去变成了三座山峰，就是美丽的三尖山。

每年农历立秋日，楚雄市三尖山附近几个乡的彝族群众都要举行盛大歌会，成千上万的人身着节日的盛装或对歌、跳舞，或做买卖，祭祀三尖山上的土主神。

第二节　处暑高粱红

处暑是秋季的第二个节气，同时也是孟秋的第二个节气。《月令七十二候集解》中说："处，止也，暑气至此而止矣。"在苦熬初伏、中伏和末伏后，一年当中最闷热的"三伏天"即将结束。这个时间段，太阳的直射点继续南移，辐射减弱，冷空气开始小露锋芒。但是，按照经验，一般走出"三伏天"后一时还难以享受到真正的凉爽。《清嘉录》有曰："土俗以处暑后，天气犹暄，约再历十八日而始凉。谚有云：处暑十八盆，谓沐浴十八日也。"意思是，处暑后还要经历大约十八天的大汗淋漓的日子。冷空气开始袭来，空气干燥便会刮风，如果大气中有暖湿气流输送，往往形成雨水。所以，每每风雨过后，人们会感到较明显的降温，故有"一场秋雨一场寒"之说。

太阳运行至黄经 150 度时，即为处暑，属于农历七月中气。从公历 8 月 23 日前后开始，每五日为一候，处暑共有三候：

处暑初五日，一候鹰乃祭鸟。《逸周书·时训解》："处暑之日，鹰乃祭鸟"，朱右曾校释："杀鸟而不即食，如祭然。"《礼记·月令》："（孟秋之月）凉风至，白露降，寒蝉鸣，鹰乃祭鸟。"郑玄注："鹰祭鸟者，将食之示有先者。既祭之后不必尽食。"孔颖达疏："谓鹰欲食鸟之时，先杀鸟而不食，与人之祭食相似。犹若供祀先神，不敢即食，故云示有先也。"处暑时节，鹰开始捕猎并把猎到的鸟摆在窝前，就像人们的祭祀一样。

处暑又五日，二候天地始肃。《礼记·月令》曰："天地始肃，不可以赢"，《说文解字》曰："赢，缓也。"天地间万物开始凋零，充满了肃杀之气，此时丝毫不得懈怠。

处暑后五日，三候禾乃登。又五天过后，庄稼都成熟了。《说文解字》曰："禾：嘉谷也。二月始生，八月而熟，得时之中，故谓之禾。"处暑后，稻谷成熟开始进行收获。

《逸周书·时训解》曰："鹰不祭鸟，师旅无功。天地不肃，君臣乃□。农不登谷，暖气为灾。"如果老鹰不陈放鸟雀，征战会劳而无功；如果天地不肃杀，君臣之间会不分上下；如果农田里收不到五谷，温暖的气候会造成大灾。

四海喜报多

处暑时节，白天热，早晚寒，昼夜温差大，降水少，空气湿度低，也是农忙的重要时节。各地有关处暑的农谚清楚地说明了此时是农耕工作的关键时期：山西"秋禾锄草麦地耱，打切棉花去病柯"；山东"处暑风凉，收割打场"；河北"立秋处暑，喜报丰收，精收细打，颗粒不丢"；上海"立秋过后处暑来，深耕整地种秋菜。晚稻出穗勤浇水，籽粒饱满人心快"。

农忙时节，人们自然依赖并祈盼好天气，先来看清代的一首江苏地区的竹枝词：

刚逢处暑北风晴，一片溪光似镜明。且喜新凉人意爽，碧梧翠竹听秋声。

"处暑北风晴"，吾乡谚语，谓此半月内遇北风则晴耳。

这是从风向来预测未来天气的例子，还有一首浙江地区的竹枝词道出了人们对于处暑时节下雨的厌恶：

今年种麦隔年收，四节爰昭四气周。只怕清明前夜雨，鬼如处暑稻防偷。

稻历春夏秋三季，故一杆三节。惟麦历秋冬春夏四季，故一杆四节。俗云：麦吃四季水，单怕清明头夜雨。俗云：处暑雨，偷稻鬼。

经过春耕夏种后，到了秋天，田里一片金黄，正是收获的好时候，人们很怕天灾带来不好的收成。农民在收获之后，一般都要举行祭祖谢神等仪式，比如浙江杭州的农民会带着酒肉到田边祭祀田祖；浙江安吉的农民会宰杀牲口来祭祀土地公，等等。而对于江西地区的农人来说，处暑之后是开始种豆的时间，清代《合溧田家竹枝词》中写道：

塔下一声猿笛起，汾阳祠外草如烟。大陂低处收中藁，秋雨扉扉种豆天。

处暑后种豆。

而对于渔民来说，处暑以后是渔业收获的时节，沿海地区都要举行一年一度的开渔仪式，欢送渔民开船出海，比如象山开渔节、舟山开渔节、江川开渔节等。

"开洋""谢洋"是浙江象山传统的祭祀活动，根据《象山东门岛志略》记载，当地渔民开展"开洋""谢洋"的活动，已有一千多年历史，清雍正年间至民国时期是其鼎盛时期。象山开渔节源自"象山祭海"，是象山渔民传统民间海事生活积累的民间祭祀活动及其观念的体现。旧时，由于渔具的落后，也由于人们传统观念的影响，渔民们常常把多变的自然现象与上天和神灵相联系，尤其是海上作业风险极大，岸上亲人也因此经常处于忐忑不安之中。所以，乞求神灵保佑成为他们唯一的心理安慰和精神寄托，也就产生了诸如"拜船龙""出洋节""谢洋节"等民间祭祀活动。象山渔民开洋节、谢洋节民俗活动带给了渔民战胜灾难的信念和勇气，是当地渔民的一种精神寄托和认同。自1998年开始，象山县委、县政府首创中国开渔节，在休渔结束的那天举行盛大的开渔仪式欢送渔民开船出海。

2008年，"象山渔民开洋、谢洋节"被列入国家第二批非物质文化遗产名录，主要有祭海仪式、开船仪式、蓝色海洋保护志愿者行动、妈祖巡安仪式等活动，不仅继承了传统的民间祭祀活动，还增添了很多体现现代社会价值标准与追求的活动。

处暑前后，湘、黔、桂等地区的畲族、仡佬族、景颇族、苗族、布依族、侗族、白族、壮族、阿昌族、彝族、拉祜族、瑶族、傈僳族都会欢度一个预祝五谷丰登的传统节日——尝新节。农家从田中摘取少许将熟的稻穗，煮成新米饭，然后杀鸡宰鸭，举行家宴，叫作尝新。吃饭前，一般先将饭菜供天地、祭祖先，再将新米饭喂给狗吃，最后按家中长幼次序尝新米饭。民间传说，稻种是狗从天上偷来的。世上最初没有水稻，狗跑到天上，在谷种上打了个

图3-4　贵州安顺布依族村寨

滚儿，浑身沾满了谷粒想带回人间。浮游天河时，身上的谷粒被水冲掉了，仅仅在它翘着的尾巴上剩下几粒带回人间，从此世上才有了水稻。

残暑补气血

处暑是二十四节气中反映气温变化的一个节气，表明一年当中最热的时间已经过去了。秋季防燥要以养阴清燥、润肺生津为基本原则。饮食方面，应适当向性味甘润的食品倾斜：粗粮类如麦片、小米、玉米、绿豆等；蔬果类如萝卜、芋头、南瓜、黄瓜、梨、柿子、葡萄、柑橘、荸荠等；荤食类如鸭肉、鱼、虾等。

处暑时，民间有吃鸭子的传统食俗，人们认为鸭子是适合处暑之际的润燥食物。处暑这天，北京人一般会买处暑百合鸭。处暑百合鸭选用了百合、陈皮、蜂蜜、菊花等养肺生津的食材来调制，芳香可口，营养丰富。南京人处暑时传统的食物也是吃鸭子，特别是南京江宁湖熟地区的麻鸭最为抢手。有的人还会在家炖"萝卜老鸭煲"或做"红烧鸭块"送给邻居，也就是俗语所说的"处暑送鸭，无病各家"。

处暑煎药茶的习俗也比较盛行。处暑期间，人们先去药店配制药方，然后在家煎茶备饮，可以清热、去火。不过，处暑时节应少喝凉茶，因为此时的暑热已经不太严重，凉茶苦寒，易伤脾胃。浙江温州地区有"处暑酸梅汤，火气全退光"的谚语，市区街头也常见专门卖酸梅汤的茶摊。

福建福州地区处暑之后一般不再喝凉茶，而改为吃些补气、补血的东西。老福州人习惯吃龙眼，或将龙眼剥壳后泡稀饭吃。龙眼益心脾、补气血，在这个节气食用是非常有益的。除此之外，老福州人在处暑常吃的另一种食物是白丸子，其实就是糯米丸。糯米，其味甘、性温，入脾肾肺经，能够补养人体正气，具有益气健脾、生津止汗的作用。吃了后会周身发热，起到御寒、滋补的作用。秋季适当吃点糯米类食物，对身体有很好的补益作用。

七夕笑牵牛

孟秋时节，正是兰花香气清溢的时候，因此旧时农历七月又称"兰月"。处暑前后的农历七月初七，即七夕节或作乞巧节，也被唤作"兰夜"，虽然少了诸如"乞巧"这种民俗活动的具象感，更没有附加上"情人节"这样商业宣传的噱头感，但却多了些元初的时间感和变迁的包容感。

古往今来，几乎每个中国人都在懵懂初开的时候听过牛郎和织女的传说，甚至会在某一年的兰夜仰望星空，寻觅银河两岸的两颗明星："牛郎星"，即"天鹰座 α"，又名"河鼓二"，是天鹰座三颗星中最明亮的恒星；织女星，即"天琴座 α"，又名"织女

一", 是天琴座中最明亮的恒星, 周围还有由四颗恒星组成的 "织女二"、由两颗恒星组成的 "织女三"。牛郎星、织女星位于一个被称作夏季大三角的星群之中, 由于附近鲜有亮星, 所以在北方的夜空中十分突出。

牛郎与织女的名字, 《诗经·小雅》便已有记载, 只是那时候的牛郎星还被称作 "牵牛" 星: "维天有汉, 监亦有光。彼织女, 终日七襄。虽则七襄, 不成报章。彼牵牛, 不以服箱。" "汉" 即银河, 而织女、牵牛是星名, 大概意思就是: 织女星整日整夜七次移位运转忙, 终归不能织成美丽的布匹, 而那颗明亮的牵牛星, 也不能真拉车。可见约在西周时代, 民间就有与牵牛、织女相关的故事流传了, 只是此时尚没有牵牛、织女和七夕关联的线索。

民俗学家考证古时岁时文献得出牵牛织女星与七夕的关联约由《大戴礼记·夏小正》始, 其中提到: "(七月) 初昏, 织女正东向", 意思是说, 在七月的黄昏, 看到织女三星中由两颗小星形成的开口朝向东方, 而在这个方向正是那颗牵牛星。《史记索隐》引《尔雅》说: "河鼓谓之牵牛", 牵牛为八月之星, 被作为祭献的标志。七月, 织女星升上天顶之时, 牵牛星也开始进入人们的视野,

图3-5　明仇英《乞巧图》（局部）

随后织女星向西倾斜，牵牛星后来居上，升到最高点，由此进入仲秋八月。而在初秋夜晚，银河正好转到正南北的方向，牵牛星和织女星则正好一东一西，分处银河两岸，遥遥相望。大概缘于此，民间也就有了关于牵牛星与织女星的凄美故事。

> 迢迢牵牛星，皎皎河汉女。
>
> 纤纤擢素手，札札弄机杼。
>
> 终日不成章，泣涕零如雨。
>
> 河汉清且浅，相去复几许。
>
> 盈盈一水间，脉脉不得语。
>
> （汉　《迢迢牵牛星》）

始终如一的互相守护最终换来了一年一度喜鹊搭桥相见的机会，而这一年一次的时间点就在农历七月初七。

星空之上，演绎着坚守爱情的戏码；星空之下，汇聚着望穿秋月的祈盼。除却在历史变迁中发现爱情这件玄妙的事情之外，七夕节最为人所惦念的还有"乞巧"。

穿针引线，是最早的乞巧方式，晋人葛洪《西京杂记》记载："汉彩女常以七月七日穿七孔针于开襟楼，俱以习之"，这也是于古代文献中所见到的最早的关于乞巧的记载。乞巧所穿的针，一般是七根，俗称"七孔针"，所用的线一般是五色缕，即用五种颜色的丝线合成一根线，谁穿得又准又快就为"得巧"。

喜蛛应巧，是南北朝时见于文字记载的乞巧方式，宗懔《荆楚岁时记》曰："七月七日为牵牛织女聚会之夜。……是夕，人家妇女结彩缕，穿七孔针，或以金银鍮石为针，陈几筵酒脯瓜果于庭中以乞巧，有蟢子网于瓜上，则以为符应。""喜子"即是一种小蜘

蛛，常见于夏秋之际。七月七日这天，人们把一些瓜果放在果盆上，"穿针乞巧"以后，看果盆上有否"喜蛛"在结网，是以占验是否得巧。随着时间的推移，历代验巧的方法也有所不同，南北朝视网之有无、唐朝视网之稀密，宋朝视网之圆正，后世则多遵唐俗。

投针验巧，是穿针乞巧风俗的变体，明清两代十分盛行。明人刘侗、于奕正《帝京景物略》中曰："七月七日之午丢巧针。妇女曝盎水日中，顷之，水膜生面，绣针投之则浮，则看水底针影。有成云物花头鸟兽影者，有成鞋及剪刀水茄影者，谓乞得巧；其影粗如槌，细如丝、直如轴蜡，此拙征矣"，即将针放入水中，观察其所呈现的物影来乞巧。

祭拜织女或"巧娘娘"，是民间神灵祭祀的表达方式，祭拜者多为少女和少妇。各地祭拜方式不尽相同，或望星而拜，或拜画像、偶像，少女们大都希望长得漂亮、心灵手巧或是嫁个如意郎君，少妇们则多是希望早生贵子等。

图3-6 浙江洞头七夕祭祀

乞巧，还有专门的应景食物，称为"乞巧果子"，简称"巧果"。宋朝时，街市上已有巧果出售。巧果的做法是：先将白糖放在锅中溶为糖浆，然后和入面粉、芝麻，拌匀后摊在案上擀薄，晾凉后用刀切为长方块，最后折为梭形巧果胚，入油炸至金黄即成。手巧的女子会捏出各种关于七夕传说的花样。

乞巧是传统七夕的重要内容，强调的是人们（尤其是女性）对于心灵手巧的期待，在某些地区甚至具有女性成年礼的意涵。

第三节　白露勿露身

　　白露是秋季的第三个节气，同时也是仲秋的第一个节气。白露时节，气温下降，清晨植物上一般都会挂有露珠，《三命通会》："秋本属金，金色，白金气寒，白者露之色，寒者露之气，先白而气始寒，固有渐也。"古人以阴阳五行配之四时，带了些玄妙的意蕴，气象学知识表明：节气至此，由于天气转凉，白昼尚热，但太阳一旦归山，气温便很快下降，夜间水汽遇冷便凝结成细小的水滴，密集地附着在花草树木之上，再经第二日清晨的阳光照射，看上去更加洁白无瑕，因而得名"白露"。

　　太阳运行至黄经 165 度时，即为白露，属于农历八月节令。从公历 9 月 8 日前后开始，每五日为一候，白露共有三候：

图3-7　山东济南白露时节

白露初五日，初候鸿雁来。《孔丛子·广鸟》曰："去阴就阳，谓之阳鸟，鸿、雁是也"，北雁南飞，避寒度过冬天。

白露又五日，二候玄鸟归。《楚辞·离骚》王逸注："玄鸟，燕也"，玄鸟即燕子，春来秋去。

白露后五日，三候群鸟养羞。"羞"同"馐"，即美食，"养羞"是指诸鸟感知到肃杀之气，纷纷储食以备冬。

《逸周书·时训解》有曰："鸿雁不来，远人背畔。玄鸟不归，室家离散。群鸟不养羞，下臣骄慢。"如果大雁不飞过来，远方之人会背叛；如果燕子不南归，家庭会离散；如果鸟类不积存食物，下臣会骄横傲慢。

家家望秋谷

白露之后日照时间减少，气温下降较快，农田里的秋收作物已经成熟或者即将成熟或已完全成熟，农人们需起早贪黑地抢收庄稼。清代《老人村竹枝百咏》中写道：

御麦搬从白露时，昼间运负夜间撕。莫嫌粗粝黄粱饭，稼穑艰难总要知。

此外，从白露开始，华北、西北要开始播种冬小麦，尤其在黄河中下游地区，播种冬小麦是一年中最重要的农事活动。除了小麦，还有一些农作物也在白露时播种，比如大蒜、蚕豆、小萝卜、白菜等，农谚说："蚕豆不要粪，只要白露种""不到白露不种蒜"。清代《南广竹枝词》写道：

稻叶铺床谷上仓，却将白露等时光。坂田何事犁来早，转眼地头活路忙。

　　田有塝田、冲田，坂田即冲田。邑人谓做事曰做活路。俗传："稻粱谷草，过了白露才好。"

　　白露期间，最怕的是雨水，所以白露雨通常被称为"苦雨"。《礼记·月令》记载："孟夏行秋令，则苦雨数来，五谷不滋"，郑玄注曰："申之气乘之也。苦雨，白露之类，时物得雨伤。"《农政全书》曰："白露雨为苦雨，稻禾沾之则白飒，蔬菜沾之则味苦"，即是说雨水对于庄稼收成的消极作用。这种对白露节后雨水的警惕，从东汉一直延续至今。民间流传的农谚说："白露下了雨，市上没有米"，抢收庄稼的时节如果赶上阴天下雨，地里的庄稼就会阴霉腐烂。因此，"白露天气晴，谷米白如银"，白露期间日照时间较处暑骤减一半左右，而且这种趋势会一直持续到冬季，如果雨日多、常连绵，对晚稻抽穗扬花和棉桃爆桃是不利的，也会影响中季稻的收割和翻晒。

　　从自然物候的角度来说，白露节气后，应该是水势骤降的时间。据《大唐传载》记述，山东费县西有水坑名曰"漏泽"，雨季时可以供附近村民打鱼谋生。然而一至白露前后，漏泽的水会在一夕之间空空如也。到了清代，人们已经能够熟练运用白露节气预测江河水势。据《清史稿》记载：道光二十一年（1841）六月，河南境内的黄河决口，时任河南巡抚牛鉴认为，白露即将到来，水势必退，所以命令死守省城。最终，牛鉴率领官民守城六十日后，也就是在白露之时始得水退，开封古城得以保全。事实上，直到近代，很多地方的河工们依然默认白露节气为汛期的截止点。

　　禹王即是神话传说中的治水英雄大禹，江苏太湖湖畔的渔民称

他为"水路菩萨"。白露时鱼蟹生膘，为了能在捕捞季获得好收成，太湖渔民会在这一天赶往位于太湖中央小岛上的禹王庙祈祷神灵的保佑。清乾隆年间《太湖备考》载："太湖小山之名昂（鳌）者有四，其山皆有禹王庙，报震泽底定之功也。"震泽，即是太湖的古称。

后来，太湖之上的东、南、西鳌禹王庙逐渐没落，唯北鳌平台山岿然不动，成为太湖渔民朝圣之地。平台山位于太湖中央，水位最深、湖面最广，是太湖的主渔场，也是灾难多发区，但是岛西有砂带阻挡风浪，当地传说是禹王命鳌鱼用鱼尾驱赶风浪保护渔民，于是禹王便成了渔民心目中的"保护神"。祭祀禹王香会会期一般为七天，前三天祭拜，之后三天酬神，最后一天送神。祭拜时，人们许愿将把秋冬之际捕捞的第一条肥鱼献给禹王。

在辽宁地区，白露是开始围猎的起始时间，清代《沈阳百咏》中写到了人们"白露出边、小雪回围"的生活：

狍鹿山鸡话捕鲜，年年贡品给秋畋。鱼行一夜添生意，赶趁回围小雪天。

将军衙门派捕鲜佐领一员，于每年白露节前后出边，小雪回围。贡品例进狍鹿、东鸭、野鸡等物。贡品进城，鱼行亦遂添无限生意矣。

在山西和顺，每年白露节期间，有大型的白露庙会，设供祭祀"火德真君"，祈祷神灵庇佑。火德真君是中国民间信仰的神灵之一，三头六臂、金盔金甲，掌管着民间烟火，供奉火神家里不会出现火灾。古时，火神一般被认为是祝融，《汉书》说："古之火正，谓火官也，掌祭火星，行火政"，应该是战国以后才被创造出来的人格化火神，其他如火德真君、种火老母之类均是后世创造的传说。虽奉之为神，但香火并不旺盛，而且祭祀时不让点灯、不准烧纸，俗语说："火神庙里不点灯"。在我国很多地区，白露并不是一个十分显见的节日或是节气，唯独山西"和顺城关白露庙会"，如今已经成为该县非物质文化遗产，是融合信仰、集市和娱乐为一体的民俗节庆活动。

此外，在我国很多地方都供奉着专管人们"生辰八字"的女神，俗称"八字娘娘"。白露前后的八月初八是其诞辰，因而也有祭拜活动。生辰八字是指一个人出生时的干支历日期，年、月、日、时共四柱干支，每柱两字，合共八个字。我国传统观念认为在白天以日晷仪测量最准，必须依节气计算"真太阳时差"与依出生地计算"地方经度时差"才能得到真正的出生日的天文时间，而这个天文时间从此便成为人的一生命运的度量尺，可以体现旦夕祸福。据《清嘉录》记载：

图3-8　火德星君（禄是道《中国民间信仰研究》1918年英文版）

　　八月八日，为八字娘娘生日，北寺中有其像。诞日，香火甚盛。进香者多年老妇人，预日编麦草为锭式，实竹箩中，箩以金纸糊之，两箩对合封固，上书某门某氏姓氏，是日焚化殿

庭，名曰金饭箩。谓如是，能致他生丰足。

据说农历八月初八是"八字娘娘"的诞生之日，每到白露前后，信众就会前往八字娘娘庙中焚香祭奠，祈求娘娘能在自己来生转世时，赐给自己一个好的八字，以便富裕安康。

丰露还移色

白露时节，雨水减少、气候干燥，人们时常感觉皮肤变紧，甚至起皮脱屑，口唇干燥或裂口，鼻咽冒火等，即所谓"秋燥"，民间也称这段时间为"秋老虎"。民间还有二十四个秋老虎的说法，意思就是每年的立秋当天如果没有下雨的话，那么立秋之后的二十四天里天气将会很炎热，这二十四天就被称为二十四个秋老虎。清代《江阴竹枝词》中写道：

秋高依旧耀炎曦，漫诧於菟送暑迟。白露可能身不露，含风垒雪已凉时。

俗以秋热为秋老虎，又谚云："白露身不露。"

白露后昼夜温差明显加大，再加上干燥的气候容易过多地消耗人的津液，因此，白露时节的养生显得尤为重要，又被俗称为"补露"。古时，人们认为花草上的露水是可以饮用的，所以楚辞有"朝饮木兰之坠露兮"的说法，《本草纲目》里也讲述了古人饮用露水的方法：用盘子收取露水，"煎煮使之稠如饴"，喝了可以延年益寿。

西汉时期，汉武帝于甘泉筑通天台，去地百余丈，可通天地，望云雨悉在其下，意欲招徕仙人。通天台上有承露盘、擎玉杯，以承接上天赐予的甘露，再由方士将露水与玉屑一起调和而成所谓"不死之药"，让汉武帝服下，求长生不老。晋代开始，女子会用花上的露水敷脸养颜，男子则使用锦彩制成的绣囊，采集柏叶或菖蒲上的清露润洗眼睛，这种绣囊称"眼明囊"或叫"承露囊"，宋代诗人王安石《拒霜花》一诗写道：

> 落尽群花独自芳，红英浑欲拒严霜。
> 开元天子千秋节，戚里人家承露囊。

南北朝时期，民间已有收集露水预防或治疗疾病的风俗。天未亮时，母亲们怀揣着对于儿孙的疼惜之心，到田野里采取草尖上的露水，中午时分与上好的墨一起研磨成汁，然后用筷子沾墨点在孩子的心窝及四周，谓之"点百病"，希望孩子们能健康、茁壮地成长。

苏浙一带的茶客青睐"白露茶"，因为这个时节正是茶树生长的极好时期，既不像春茶那般鲜嫩、经不得泡，也不像夏茶那般苦涩，品茗中有种独特的甘醇之美。白露节气之前采摘的茶叶叫早秋茶，从白露之后到十月上旬采摘的茶叶叫晚秋茶，而自古以来就有"春茶苦，夏茶涩，要好喝，秋白露"的说法。

白露前后，龙眼大量上市。龙眼可以益气补脾，养血安神。福建福州人有"白露必吃龙眼"的说法，人们认为，在白露这一天吃龙眼相当于吃一只鸡，有大补身体的奇效。此外，白露时节，核桃收获正当时，种仁饱满，味道芳香，俗称"十成熟"，有农谚云："白露到，竹竿摇，小小核桃满地跑"。这个季节天气渐冷，人体需要一些温补的东西让身体逐渐适应上升的阴气，而核桃是非常适合

的节令食品。旧时农家在白露还以吃番薯为习，《本草纲目》记载
红薯有"补虚乏、益气力、健脾胃、强肾阴"的功效，使人"长寿
少疾"，民间则认为白露吃番薯不会产生胃酸。

湖南部分地区每年白露节一到，家家用糯米、高粱等五谷酿
酒，该酒略带甜味，称"白露米酒"。酿制白露酒，除了水分和节
气颇有讲究外，方法也相当独特：先酿制白酒与糯米糟酒，再按
1∶3的比例，将白酒倒入糟酒里。据说，日本米酒的酿造方法就是
沿用了白露酒的酿造方法。

白露以后，乡野间开始玩斗蟋蟀的游戏，古时称为"秋兴"。
清代顾禄《清嘉录》里有详细记载："白露前后，驯养蟋蟀，以为
赌斗之乐，谓之'秋兴'，俗名'斗赚绩。'"斗蟋蟀，是中国民间
博戏之一，有着悠久的历史。关于斗蟋蟀最早的文字记载是北宋末
年顾逢的《负暄杂录》："斗蛩之戏，始于天宝间，长安富人镂象
牙为笼蓄之，以万金之资付之一喙"，也就是说，斗蟋蟀始于唐代，
兴于宋代。南宋权相贾似道常和他的侍妾蹲跪在地上斗蟋蟀，他甚
至规定在斗蟋蟀时不允许任何人打扰，因为是"军国重事"。后来，
他还编写了一本《促织经》。到了明代，斗蟋蟀的风气更盛，宣宗
皇帝经常和宫女、太监一起伏地斗蟋蟀。《皇明纪略》中有这么一
个故事：

　　明朝的宣宗皇帝朱瞻基，特别喜爱斗蟋蟀的游戏，专门派
人到江南去寻找能斗的蟋蟀，使得江南一带的蟋蟀价格飞涨，
一只能斗的好蟋蟀的价格非常昂贵。当时，江苏吴县的枫桥地
区，有一位掌管粮税的粮长，奉郡守的差遣寻觅能斗的蟋蟀，
他终于找到了一只最好的蟋蟀，于是用自己所骑的骏马把蟋蟀

换了回来，这位粮长的妻子听说丈夫用骏马换了一只小虫子，认为这只虫子一定与众不同，于是偷偷地打开盒子想看看，哪知盒子一打开，蟋蟀就跳出来跑了。妻子非常害怕，只好自缢而死。粮长回来后得知妻子为此死了，非常悲伤，他思念妻子，更害怕难逃官府惩罚，不得已自缢身亡。

明朝宣宗皇帝朱瞻基被史家称为"促织天子""蟋蟀皇帝"，以致当时在朝野流传着"促织瞿瞿叫，宣德皇帝要"的俗语。

乞食信飘零

白露前后，会逢中元，即农历七月十五（在广大南方地区，俗称"七月半"）。中元节是人祭祀亡故亲人、缅怀祖先的日子，也称鬼节、七月半、盂兰盆节，属于我国传统"八节"之一。一般认为，中元节的源头或与中国古代的土地祭祀有关。而在我国传统的道教信仰中，天官的主要职责是为人间赐福，其生日在正月十五日，

图3-9　马来西亚中元祭祀（一）

图3-10 马来西亚中元祭祀（二）

称上元节；地官的主要职责是为人间赦罪，其生日在七月十五日，称中元节；水官的主要职责是为人间解厄，其生日在十月十五日，称为下元节。佛教也在七月十五举行法会，称为"屋兰玛纳"（Ullambana），即盂兰盆会，本意是"倒悬之苦"，为了拯救苦难而举行的法会。据佛经的解释是目连尊者为了拯救陷入饿鬼道的母亲，按照佛教的教义，以农历七月十五供奉各种食品为供品的法式救出了母亲。2010年，香港特别行政区申报的"中元节（潮人盂兰胜会）"成为第三批国家级非物质文化遗产名录民俗项目类别的非物质文化遗产。

盛夏已经过去，寒秋刚刚开始，老百姓认为祖先也会在此时返家探望子孙，所以应该举行祭祀仪式。宋孟元老《东京梦华录》说："中元前一日，即买练叶，享祀时铺衬桌面，又买麻谷巢儿，亦是系在桌子脚上，乃告先祖秋成之意。"秋季作物成熟，按照惯例要向先祖报告。"七月半"祭祖时，要把先人的牌位请出，放置于供桌之上，在先人的牌位前焚香，供晨、午、昏三次茶饭。祭拜时，依照辈分和长幼次序，给先人磕头、祷告，向先人汇报并请先人审视自己这一年的言行，保佑自己平安幸福。

河北部分地区，农历七月十五携带水果、肉脯、酒、楮钱等前往祖先墓地祭扫，称为"荐新"；江西部分地区祭祖，先于七月十二日起焚香泡茶，早晚上供。至十五夜烧楮衣冠、纸钱祭送；广西部分地区的中元节，已嫁女子必须回家祭祖；湖南部分地区农历七月十二前后"接老客（先祖）"，中元夜"送老客"，烧香拜祖、焚化纸包，纸包正面书祖上名讳，纸包内有纸钱。中元当晚，焚烧纸包越多，家族越发兴旺；湖北省部分地区每逢中元前后，必宰牲畜、焚烧纸钱祭拜逝去先人。

金秋时节，我国各地少数民族也有着各自"荐新祭祖"的节庆活动，其意义与"中元节"的主旨大致相同，比如布依族的"鲜果节"、畲族的"抢猪节"、高山族的"丰年祭"等等。

中元这天，传说也是地府打开地狱之门、放出全部鬼魂的日子。东汉《老子章句》引《道经》："七月十五日，中元之日，地官校勾搜选众人，分别善恶……于其日夜讲诵是经。十方大圣，齐咏灵篇。囚徒饿鬼，当时解脱"，又《修行记》曰："七月中元日，地官降下，定人间善恶，道士于是夜诵经，饿鬼囚徒，亦得解脱。"所以除了祭祀祖先，民间还要普遍举行祭祀鬼魂的活动，于是中元也就成了中国民间的鬼节。

江苏省部分地区以锡箔折锭，沿路焚化，谓之"结鬼缘"；四川成都一带用纸扎"花盘"，上放纸钱及供果，端着在屋内边走边念："至亲好友，左邻右舍，原先住户，还舍不得回去的亡魂，一切孤魂野鬼，都请上花盘，送你们回去啰。"然后端到屋外焚化；浙江部分地区的中元节晚上，人们鸣锣撒饭于野，称之"施食"；闽中中元有普度之俗，有谚语道："普度不出钱，瘟病在眼前，普度不出力，矮爷要来接"；广西的中元节也称"鸭子节"，人们认为亡灵可以通过鸭子的运载在阳间和阴间自由穿梭。

河灯也叫"荷花灯"，一般用木板做底，灯体为防水纸，底座

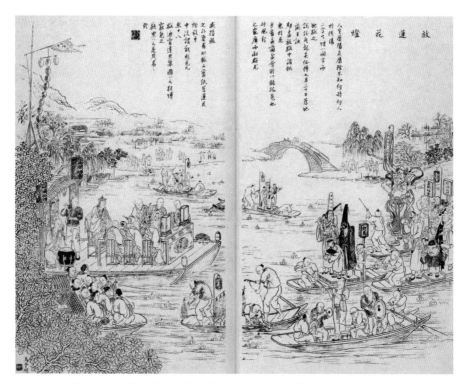

图3-11　放莲花灯［申报馆编印《点石斋画报》(1884—1889年)］

上放灯盏或蜡烛，中元夜点亮放于河中或湖中，让其顺水漂流，以此祭奠先人，寄托对亲人的缅怀之情。其实，河灯在我国出现得很早。渔猎时代，人们驾舟出海，为免风暴肆虐，会用木板编竹为小船，点蜡烛、放祭品，任其漂流，向海神祈保平安。这一习俗至今仍在台湾、福建、广东流行，叫彩船灯。周代，周公辅佐武王卜成洛邑，曲水设宴、夜以日继，便在放酒杯的器皿上点灯，灯酒逐波。春秋时代，《诗经》记载了秦洧两水秉烛招魂续魄的民俗活动。南北朝梁武帝崇尚佛教，倡导举办水陆法会，僧人在放生池放河灯普度众生。宋代道教得到提倡，中元节各地放河灯济孤魂。于是，中元节放河灯随道教、佛教传播而流行甚广。

　　在东北，河灯节是世世代代靠捕鱼为生的赫哲族的传统民间节日。每年的农历七月十五，赫哲人都要在乌苏里江上放河灯、祭河神，以此来祈祷平安、祈求丰收。在山西，河灯节主要流传于山西省河曲县，这一民俗活动集祭祀大禹、悼念亡灵和祈求福禄于一身，用放河灯这种形式来寄托对故去亲人的哀思和对未来的美好企盼。在广西，河灯歌节由资江和浔江两岸的灯节和五排苗寨的歌节传承而来，是民族文化与地域文化结合的产物。2014 年，广西壮族自治区资源县河灯节正式列入国家级非物质文化遗产代表性项目，其节气民俗的价值得以进一步凸显和发扬。

第四节　秋分秋月明

秋分是秋季的第四个节气，同时也是仲秋的第二个节气。《春秋繁露·阴阳出人上下篇》曰："秋分者，阴阳相半也，故昼夜均而寒暑平。"《月令七十二候解集》曰："分者平也，此当九十日之半，故谓之分。"由此，"秋分"的意思有二：一是太阳在这一天直射地球赤道，因此全球大部分地区这一天的 24 小时昼夜均分，各 12 小时；二是秋季共计三个月九十天，秋分处于秋季之中，正好平分秋天。

《淮南子·氾论训》："天地之气莫大于和，和者，阴阳调，日夜分，而生物。春分而生，秋分而成，生之与成，必得和之精。"时至秋分，棉吐絮，烟叶黄，正是收获的时节。

太阳运行至黄经 180 度时，即为秋分，属于农历八月中气。从公历 9 月 23 日前后开始，每五日为一候，秋分共有三候：

秋分初五日，初候雷始收声。《礼记·月令》曰："雷始收声"，《说文解字》有："雷，阴阳薄动雷雨，生物者也。"雷是因为阳气盛而发声，秋分后阴气开始旺盛，雷声便渐渐远去。

秋分又五日，二候蛰虫坏户。《礼记》注曰："坏，益其蛰穴之户，使通明处稍小，至寒甚，乃墐塞之也。"由于天气变冷，蛰居的小虫开始藏入穴中，并且用土将洞口封起来以防寒气侵入。

秋分后五日，三候水始涸。《礼记》注曰："水本气之所为，春夏气至，故长，秋冬气返，故涸也。"此时降雨量开始减少，由于天气干燥，水汽蒸发快，所以湖泊与河流中的水量变少，一些沼泽及水洼处便处于干涸之中。

《逸周书·时训解》有曰："雷不始收声，诸侯淫佚。蛰虫不培户，民靡有赖。水不始涸，甲虫为害。"如果雷震不停止声响，诸侯纵欲放荡；如果冬眠动物不隐匿于洞穴，老百姓会失去依靠；如果积水不干涸，昆虫要成灾。

秋向桂飘香

《历日疏》曰："秋分，八月之中气也。秋分之时，日出于卯，入于酉，分天之中，阴阳气等，昼五十刻，夜五十刻，一昼一夜，二气中分，故谓之秋分也。"秋分以后，气温逐渐降低，我国南方大部分地区雨量明显减少，暴雨、大雨一般很少出现。不过，降雨天数却有所增加，常常阴雨连绵，夜雨率也较高，所以有"一场秋雨一场寒"和"白露秋分夜，一夜冷一夜"的说法。秋分时节，桂飘香，柿子红，枣满树，处处都洋溢着丰收的喜悦气息。秋分过后，田间乡野正式进入了秋收、秋耕、秋种的"三秋"大忙阶段。秋分在一年的农事活动中也是一个十分重要的时间点，人们往往要在此时预测一下收成情况，即"秋分占候"。秋分这天如果是阴天微雨，预示收成好，如"秋分有雨来年丰"；如果是晴天，则"秋分日晴，万物不生"；但如果是连阴，夜雨不停，也不是好事，如"秋分连夜雨，迟早一起死"。《荆楚岁时记》记有秋

分日占岁的习俗：

> 秋分以牲祠社，其供帐盛于仲春之月。社之余胙，悉贡馈乡里，周于族。社余之会，其在兹乎？此其会也。掷教于社神，以占来岁丰俭，或折竹以卜。

这里说的是折竹或是通过社神预测年景，民间还有看"秋分"

图3-12 郊社用牲图（清孙家鼐等编《钦定书经图说》）

与"社日"的时间关系来占岁的习俗：秋分在社日前预示丰年收成好，在社日后年成不理想，如"分后社，白米遍天下；社后分，白米像锦墩"。但有的地方对此也有不同的说法，南宋陈元靓《岁时广记》记载："秋分在社前，斗米换斗钱；秋分在社后，斗米换斗豆。"如果秋分与社日是同一天也并非好事，清杜文澜辑《古谣谚》秋分社日谚曰："分社同一日，低田尽叫屈。

秋分在社前，斗米换斗钱；秋分在社后，斗米换斗豆"。

秋分一到，其时农家村落中便会出现挨家送秋牛图的，即用红纸或黄纸印上全年的农历节气以及农夫耕田的图样，名曰《秋牛图》。挨家挨户送秋牛图的人，大都是民间擅于说唱者，捡些利于秋耕、不违农时的吉祥话，再即景生言，俗称"说秋"，说秋人便叫"秋官"，直到说得主人乐乐呵呵地掏钱。与立春时送春牛图的含义相似，即是催收送秋。

秋分时节，有些地方有煮汤圆吃的习俗，除了自己食用外，还要把不用包心的汤圆煮好后插上细竹签放在田边地头，就是所谓"粘雀子嘴"，寓意是让雀子不敢来破坏庄稼。这个习俗春分时也有，都是为了庄稼的好收成。

"秋菜"是一种野菜，也有人称之为"秋碧蒿"。秋分时节一到，每家每户都会到田野之中摘秋菜，采回的秋菜一般人家将它与鱼片一起炖汤，叫作"秋汤"。民谚说："秋汤灌脏，洗涤肝肠。阖家老少，平安健康。"

秋分时节，天气逐渐由热转凉，昼夜均等，因此这个时节养生也要遵循阴阳平衡的原则。按照《黄帝内经·素问·至真要大论》所说"谨察阴阳所在而调之，以平为期"。秋分仍多燥症，但此时的"燥"是"凉燥"，和白露时节的"温燥"不同。因此，饮食方面要多吃一些温润为主的食物，如百合、银耳、秋梨、莲藕、柿子、芝麻等，以润肺生津、养阴清燥。

夕月拜寿星

秋分曾是传统的祭月节。早在周朝就有春分祭日、夏至祭地、秋分祭月、冬至祭天的习俗，其祭祀的场所称为日坛、地坛、月坛、天坛，分设在东南西北四个方向。《大戴礼记》曰："三代之

礼，天子春朝朝日，秋暮夕月，祭日东坛，祭月西坛，故以别外内，以端其位。所以明有别也，教天下之臣也。"

最初的"祭月节"就在"秋分"这一天，《通典·朝日夕月》记载："周礼秋分夕月，并行于上代。"由于这一天在农历八月里的日子每年都不同，不一定都有圆月，后来就将祭月由秋分调至中秋，而至迟在隋唐以前尚未见到八月十五祭拜月亮的记载。《通典·朝日夕月》中有着详细的记载：

> 秋分夕月于国西门外，为坛于坎中，方四丈，深四尺。燔燎礼如朝日也。
>
> 隋因之。开皇初，于国东春明门外为坛，如其郊。每以春分朝日。又于国西开远门外为坎，深三尺，广四丈；为坛于坎中，高一尺，广四尺。每以秋分夕月。牲币与周同。
>
> 大唐二分朝日夕月于国城东西，各用方色犊。备开元礼。

祭月源于远古初民对月亮的崇拜。《尚书·尧典》称：日、月、星辰为天宗，岱、河、海为地宗，天宗、地宗合为六宗。《周礼·春官·典瑞》："以朝日"，郑玄注："天子当春分朝日，秋分夕月"，"夕月"指的正是夜晚祭祀月亮。后来作为天体的月被人格化，成为月神，天子于每年秋分设坛祭祀月神。《管子·轻重己》：

> 秋至而禾熟，天子祀于大惢，西出其国，百三十八里而坛，服白而絻白，搢玉笏，带锡监，吹埙篪之风，凿动金石之音。朝诸侯卿大夫列士，循于百姓，号曰祭月。

道教兴起后称月神为太阴星君，而民间则多认为月神是嫦娥。《淮南子·览冥训》记载："羿请不死之药于西王母，姮娥窃以奔月，怅然有丧，无以续之。"高诱注曰："姮娥，羿妻；羿请不死药于西王母，未及服食之，姮娥盗食之，得仙，奔入月中为月精也。"

秋日赏月之风早已有之，汉代枚乘《七发》载："客曰：将以八月之望，与诸侯远方交游，兄弟并往观涛乎广陵之曲江。"虽没有赏月之举，但"八月之望"已非常日。魏晋时期，已有官僚士大夫中秋赏月赋诗的记载。唐代，赏月、玩月开始盛行。欧阳詹《长安玩月诗》序中曰："八月于秋，季始孟终，十五于夜，又月之中。稽于大道，则寒暑均，取均月数，则蟾兔圆。"后来，在祭月仪式改期、赏月之风大盛以及月神传说的附会之下，中秋成了这个时间段里的人文节日。宋代诗人魏了翁有一首《中秋领客》表达了自己的看法：

秋中无常期，月望无常历。况于月之房，岁十有二集。
云胡三五夜，赏玩著今昔。我观魏晋前，未有娱此夕。
岂由夕月礼，承讹变淫液。天行至东北，阳升乃朝日。
日月向南来，三务趋朔易。则于阴之反，顺时报阴魄。
古人敬天运，随处察消息。俗学踵谬迷，更以僬科级。
广寒八万户，桂树五千尺。文人同一辞，只以惊俗客。
墨墨数百年，月如有冤色。为作反骚吟，聊以补载籍。

除了祭祀月亮，古时秋分还会祭祀寿星。《艺文类聚》引《春秋元命苞》曰："嘉置弧北指一大星为老人星，治平则见，见则王寿，常以秋分，候之南郊"，《通典·风师雨师及诸星等祠》记载：

"秋分日，享寿星于南郊。寿星，南极老人星。"

　　南极老人，又称寿星、老寿星，是民间信仰中的长寿之神。先秦起，人们就认为，南极老人星是掌握国运之长短兴衰的，所以特别重视。秦始皇统一天下后，专门在咸阳附近的杜县修建了寿星祠，《史记·封禅书》"寿星祠"注曰："寿星，盖南极老人星也。见则天下理安，故祠之以祈福寿。"《史记·天官书》载："狼比地（星宿区域名）有大星，曰南极老人。老人见，治安；不见，兵起。"意思是说，在狼比地的星区里，有颗很大的星星叫作南极老人星。如果能见到这颗星星，国家就会长治久安；如果见不到的话，就会有兵乱产生。汉代，南极老人星的职能又被进一步放大，人们还把他视作掌管人的寿命之神。据《后汉书·礼仪志》记载：

图3-13　寿星（禄是道《中国民间信仰研究》1918年英文版）

　　仲秋之月，县道皆按户比民，年始七十者，授之以王杖，铺之糜粥。八十、九十，礼有加。赐王杖长九尺，端以鸠鸟为饰。鸠者，不噎之鸟也，欲老人不噎。是月也，祀老人星于国都南郊老人庙。

　　后来，历朝历代都把祭祀寿星列入国家祀典之中，直到明太祖朱元璋洪武三年（1370）才停止了这种大规模的国祀活动。

除了夕月与祭拜寿星，古时秋分还有正度量、祭马社的习俗，如《太平预览·时序部》有曰："祀夕月于西郊，秋分日祭之。命有司享寿星于南郊。秋分日，祀寿星于南郊，寿星，南极老人星。日夜分，则同度量，平权衡，因秋分昼夜平，则正之。祭马社。谓仲秋祭马社于大泽，用刚日。"这些习俗都与春分时极为相似，仍取均分之深意。

虽然在历史的发展中，秋分的很多活动被中秋节所涵盖，使其原本的面貌发生了变化，但是其作为时间刻度的标准也在与时俱进。自2018年起，我国将每年农历秋分设立为"中国农民丰收节"，赋予秋分以新的时代内涵，有助于宣传展示农耕文化的悠久厚重，传承弘扬中华优秀传统文化，推动传统文化和现代文明有机融合，增强文化自信心和民族自豪感。

何事喜中秋

中秋节，是仲秋之节，以十五月圆为标志，正值三秋之中，故谓之"中秋"。此夜月色比平时更亮，又谓之"月夕"。因为中秋节在秋季、八月，又名"秋节""八月节"，因为祭月、拜月，又叫"月节""月亮节"；中秋家人团聚，出嫁的女儿回家团圆，因此又称"团圆节""女儿节"；仲秋时节各种瓜果成熟上市，因称"果子节"。侗族称为"南瓜节"，仫佬族称为"后生节"等。人们在中秋时节欢聚赏月、祭祀、庆贺丰收。在春节、清明、端午、中秋近世四大传统节日中，中秋节形成最晚，在汉魏民俗节日体系形成时期，中秋节尚无踪迹。唐宋时期因时代的关系，以赏月为中心节俗的中秋节出现，明清时中秋节已上升为民俗大节。中秋节虽然晚出，但它是秋季时令习俗的综合。

唐宋时期的中秋节主要是赏月、玩月，中秋节是一般的社交娱乐性节日。明清时期节日性质发生变化，人们同样赏月，但似乎更关注月神的神性意义，以及现实社会人们之间的伦理关系与经济关系。中秋是丰收的时节，人们利用中秋节俗表达对丰收的庆祝。祭祀月亮时的时令果品，既是对月亮的献祭，更是对劳动果实的享用。

明朝北京人农历八月十五日祭月，人们在市场上买一种特制的"月光纸"。《燕京岁时记》记载：

> 月光马者，以纸为之，上绘太阴星君，如菩萨像，下绘月宫及捣药之玉兔，人立而执杵。藻彩精致，金碧辉煌，市肆间多卖之者。长者七、八尺，短者二、三尺，顶有二旗，作红绿色，或黄色，向月而供之。焚香行礼，祭毕与千张、元宝等一并焚之。

这是一种神码，上面绘有月光菩萨像，月光菩萨端坐莲花座上，旁边有玉兔持杵如人似的站立着，并在臼中捣药。这种月光菩萨像小的三寸，大的丈余长，精致的画像金碧辉煌。北京人家家设月光菩萨神位，供圆形的果、饼与西瓜，西瓜要切割为莲花状。夜间在月出之方，向月供祭，叩拜，叩拜之后，将月光纸焚化，撤下来的供品，由家人一起分食。清代北京祭月有所变化，月光神码由道观寺院赠送的，题名为"月府素曜太阴星君"。

祭月、拜月是明清中秋时节全国通行的习俗，清代俗谚有："八月十五月儿圆，西瓜月饼供神前。"清代有特制的祭月月饼，此月饼较日常月饼为"圆而且大"。《燕京岁时记》称："至供月月饼到处皆有，大者尺余，上绘月宫蟾兔之形。"特制月饼一般在祭

月之后就由家人分享，也有的留到除夕再来享用，这种月饼俗称
"团圆饼"。

各地对月亮神的形象有不同的描述与理解。在福建汀州一带，
中秋夜有"请月姑"的习俗，浙江西安县的小孩则凑钱备办糖、米
果，"拜月婆"。诸暨的大户人家在中秋节制作大月饼，杂以瓜果，
"宴嫦娥"。江浙一带中秋祭月有"烧斗香"的习俗。清秦荣光《上
海县竹枝词》中记载了烧斗香的活动：

> 中秋赏月竞开筵，月饼堆盘月样圆。礼斗香还烧大斗，南
> 园向最盛香烟。

苏州所谓斗香，是用细的线香编制成斗状，中间盛香屑，香店
制作后卖给僧俗人等。人们在中秋夜，焚于月下，称为"烧斗香"。
扬州小秦淮河，中秋节"供养太阴"，彩绘广寒清虚之府，称为
"月宫纸"；又以纸绢做神像冠带，月饼上排列素服女子，称为"月
宫人"；然后以莲藕果品祭祀。

值得注意的是前代拜月男女俱拜，宋代京师中秋之夜，倾城人
家，无论贫富，从能行走的孩童至十二三岁的少年都要穿上成人的
服饰，登楼或于庭中"焚香拜月，各有所期"。男孩期望"早步蟾
宫，高攀仙桂"。意思是说，请月神保佑早日科举成名。女孩则祈
求有一副美丽的容颜，"愿貌似嫦娥，圆如洁月"。宋人推重的是
郎才女貌。

明清以后，祭月风俗发生重大变化，男子拜月渐少，月亮神逐
渐成为专门的女性崇拜对象。北京有所谓"男不拜月，女不祭灶"
的俗谚。明清时代北京中秋节新添了一个节令物件——泥塑玉兔像，

图3-14 扬州中秋拜月1   图3-15 扬州中秋拜月2

清人昵称玉兔为"兔儿爷"。明代纪坤的《花王阁剩稿》曰："京师中秋节多以泥抟兔形，衣冠踞坐如人状，儿女祀而拜之。"一般认为，兔儿爷或为用泥塑造出来的月光纸上的玉兔形象。关于兔儿爷有一段传说：

> 一年，北京城里忽然起了瘟疫，几乎每家都有人得了，治不好。嫦娥看到此情景，心里十分难过，就派身边的玉兔去为百姓们治病。玉兔变成了一个少女，她挨家挨户地走，治好了很多人。人们为了感谢玉兔，纷纷送东西给她；可玉兔什么也不要，只是向别人借衣服穿，每到一处就换一身装扮，有时候打扮得像个卖油的，有时候又像个算命的。一会儿是男人装束，一会儿又是女人打扮。为了能给更多的人治病，玉兔就骑上马、鹿或狮子、老虎，走遍了京城内外。消除了京城的瘟疫之后，玉兔就回到月宫中去了。

人们用黄沙土做白玉兔，装饰以五彩颜色。兔儿爷的制作工艺精美，造型千形百状、滑稽有趣，京城人"齐聚天街月下，市而易之"。兔儿爷给市井生活增添了许多的情趣。20世纪初，民间将祭

图3-16　卖兔儿爷（清《京城市景风俗图》）

月称为"供兔儿爷"。这一变化，包含着丰富的文化信息，高悬的明月，在近代百姓那里已俗化为可触可摸甚至可以把玩的物件。虽然人们依旧供奉它，但其已失去神圣的品性，成为一种世俗观念的表达。

中秋节令食品是月饼，月饼在民间称为"团圆饼"。中秋时节正是收获的季节，人们为了加强家族、社会成员之间的联系，互相馈赠礼物，月饼就成为人们相互交流的信物与吉祥的象征。

月饼的形制在宋代可能就有了，苏东坡曾赋诗赞曰："小饼如嚼月，中有酥与饴。"但从文献记载看，当时的节物重在尝新，如尝石榴、枣、栗、橘、葡萄等时新水果，饮新酒等，有"秋尝"的意味，还没有将月饼作为重要的节令食品。以月饼为中秋特色食品及祭月供品的风俗大概始于明朝，民间流传的元朝末年八月十五吃月饼反抗统治者的传说虽不足信，但至少部分说明了明初以来中秋吃月饼的事实。明代，中秋节馈送月饼是全国普遍通行的重要节俗。月饼的制作在明代后期的北京已经十分考究，价格也不便宜。

"市肆以果为馅，巧名异状，有一饼值数百钱者"。清代北京中秋祭月除香灯品供外，就是团圆月饼。清人袁枚《随园食单》中介绍有"刘方伯月饼"和"花边月饼"：

> 刘方伯月饼用山东飞面，作酥为皮，中用松仁、核桃仁、瓜子仁为细末，微加冰糖和猪油儿作馅，食之不觉甚甜，而香松柔腻，迥异寻常。

> 明府家制花边月饼，不在山东刘方伯之下。余常以轿迎其女厨来园制造，看用飞面拌生猪油千团百搦，才用枣肉嵌入为馅，裁如碗大，以手搦其四边菱花样。用火盆两个，上下覆而炙之。枣不去皮，取其鲜也；油不先熬，取其生也。含之上口而化，甘而不腻，松而不滞，其工夫全在搦中，愈多愈妙。

图3-17 卖月饼（清《京城市景风俗图》）

清代后期北京出现了品牌月饼，前门致美斋的月饼为"京都第一"。供月的月饼大的直径有尺多长，上面绘有月宫、蟾蜍、玉兔等图案。月饼有祭祀完后全家分食的，也有将月饼留到岁暮除夕"合家分用之，曰团圆饼也"。江南人家同样以月饼为中秋节物，相互馈赠。小小的月饼在民间生活中作为团圆的象征与联系亲族情感的信物互相馈送，从而实现对亲族关系的再确认。中秋月饼有具体的吃法，一般民间切月饼都要均匀切成若干份，按人口数平分，每人都享用到月饼的一块，象征家庭成员是团圆的一部分。如家中有人外出，便特地留下一份，象征他也参加了家庭团聚，这块月饼留待除夕他回来享用。这种以饮食团聚家人的方式是中国人所特有的文化习惯。

中秋正值秋天收获的季节，民间在对神灵酬谢的同时，也祈求着生殖的力量。上古"合男女"是秋收后的主要人事活动，古代秋社中的祈子仪式就是这一活动的时间规范。中秋节出现以后，男女相会，祈求子嗣习俗逐渐转移、合并到中秋节俗之中。妇女对月祈祷和月下出游大都与婚嫁子嗣相关。中秋夜游玩在宋代已经流行，明代益盛，特别是在江南苏杭地区。清代以后俗称为"走月亮"，中秋夜妇女盛装出游，踏月访亲，或逗留尼庵，深夜不归。上海人张春华《沪城岁事衢歌》记载：

> 斗坛向晚篆烟笼，玉镜澄澄炯碧空。巷口夜阑喧士女，三更犹到蕊珠宫。

"摸秋"或者称"偷瓜送子"，是南方地区普遍流行的中秋祈子习俗。人们在中秋之夜，到田间"偷"瓜，然后吹吹打打、热热闹闹地将描画成婴儿模样的冬瓜或南瓜送给婚后数年不育的夫妇，以求瓜瓞绵绵。浙江、江西、湖北、湖南、安徽等地都有各色生动有趣的祈子习俗。南方少数民族的男女青年中秋跳月，对歌联欢，更是保存了中秋月下活动的原始属性。湘西、黔东侗族流行着中秋"偷月亮菜"的习俗。传说这天晚上天宫仙女下凡，将甘露洒遍人

间，人们在月光下"偷"这种洒有甘露的瓜果蔬菜，就能获得幸福。偷瓜菜的地点，青年男女各有自己的选择，一般都去意中人的园中去"偷"。"偷"时嬉笑打闹，引出自己的情侣，共享"偷"的幸福果实。

团圆是中秋节俗的中心意义。因为家族生活的关系，中国人有很强的家族伦理观念，重视亲族情谊与血亲联系，较早形成了和睦团圆的民俗心理。家庭成员的团聚成为家族生活中的大事，民俗节日就为民众的定期团聚提供了时机。在传统年节中都不同程度地满足着人们团圆的要求，如除夕的"团年"，重阳的聚饮等，中秋为花好月圆之时，"海上生明月，天涯共此时"，人们由天上的月圆联想到人事的团圆，因此中秋在古代被视为特别的"团圆节"。宋人的团圆意识已与中秋节令发生关联，前述宋城市居民阖家共赏圆月，就是体现了这一伦理因素。明清时期，由于理学的浸染，民间社会乡族观念增强，同时也因为人们在世俗生活中更加认识到家族社会的力量，因此人们在思想情感上，对家庭更为依恋。秋收之际的中秋节，正是加强亲族联系的良机，"中秋民间以月饼相遗，取团圆之义"。值得注意的是中秋节民间尤其重视夫妇的团圆。出嫁的妇女中秋要赶到娘家与父母团聚，当天又必须返回夫家，与夫君团圆。俗语云："宁留女一秋，不许过中秋。"

第五节　寒露雁南飞

寒露是秋季的第五个节气，同时也是季秋的第一个节气。《月令七十二候集解》说："九月节，露气寒冷，将凝结也。"意思是地面的露水更冷，快要凝结成霜了。此时，我国南岭及以北的广大地区均已进入秋季，东北进入深秋，西北地区已进入或即将进入冬季。寒露之后，气温更低。广东一带流传这样的谚语："寒露过三朝，过水要寻桥。"指的就是天气变凉不能赤脚蹚水过河了。可见，寒露期间人们可以非常明显地感觉到季节的变化。

太阳运行至黄经 195 度时，即为寒露，属于农历九月节令。从公历 10 月 8 日前后开始，每五日为一候，寒露共有三候：

寒露初五日，初候鸿雁来宾。《礼记·月令》："季秋之月，鸿雁来宾。"郑玄注曰："皆记时候也，来宾言其客止未去也"，即作来宾暂寄居之义。寒露一到，鸿雁排成一字形或人字形的队列大举南迁。

寒露又五日，二候雀入大水为蛤。鸟雀入大海化为蛤蜊是古人感知寒风的一种说法。天气进入深秋，寒气逼人，雀鸟们都躲藏起

来，此时的海边却出现了很多蛤蜊，贝壳的条纹及颜色与雀鸟相似，所以古人便认为蛤蜊是雀鸟变成的。

寒露后五日，三候菊有黄华。《吕氏春秋·十二纪》记载："季秋之月，菊有黄华"，菊花凌寒开放。

《逸周书·时训解》有曰："鸿雁不来，小民不服。爵不入大水，失时之极。菊无黄华，土不稼穑。"如果最后一批大雁不飞来，小民不驯服；如果麻雀不掉入海中变蛤蜊，季节会错乱；如果秋菊不开黄花，土地不能耕种。

露气转寒日

《三礼义宗》有曰："九月寒露为节者，九月之时，露气转寒，故谓之寒露节。"寒露时节温度低，昼夜温差大，有利于麦苗等作物的生长，所以寒露是秋收、秋种、秋管的重要时期。"九月寒露天渐寒，整理土地莫消闲"。寒露的到来意味着许多农事需加紧进行，否则会影响到来年的收成情况。

"寒露种小麦，种一碗，收一斗""寒露不摘棉，霜打莫怨天""上午忙麦茬，下午摘棉花"。此时北方地区的人正忙于播种小麦、采摘棉花等农活的收尾工作。而南方地区进入寒露才算进入真正的秋季，此时适合种植油菜等耐寒作物。此外，在寒露这个时间段，翻地可将埋于地下的越冬虫及虫卵晾到地表上，利用昼夜温差大、夜间温度低的特点将害虫及其虫卵冻死，减少来年庄稼的病虫害，即"寒露到立冬，翻地冻死虫"。

江南一带有"人怕老来穷，禾怕寒露风"的说法。寒露风，是寒露节出现的一种低温、干燥、风劲较强的冷空气，会使水稻生长发育不良，导致减产。长江中游地区称为"社风"或"秋分风"，长江下游称为"翘穗"或"不沉头"。一般情况下，寒露风严重的年份，晚稻产量就明显降低。人们一般可以在"寒露风"来临前施肥、灌溉，保持田间温度，使水稻免受"寒露风"侵害。

送青赏菊盛

天高气爽，云淡风轻，层林尽染，雁过无声，秋天的美可引得诗情直达碧霄，秋天也正是人们观赏景色的最好时机。如果说清明是人们度过漫长冬季后出室畅游的春游，可以称为"踏青"，那么在秋寒新至、人们即将蜗居时的秋游，便可以叫作"送青"。

秋游首选赏菊。菊花秋季开花，很早便见于文献记载了，《礼记·月令》曰："季秋之月，菊有黄华。"从周至春秋战国，《诗经》和《离骚》中都有关于菊花的记载，"夕餐秋菊之落英"说明菊花与传统生活与文化结下了不解之缘，秦都城咸阳曾出现过菊花展销的盛大市场，可见当时栽培菊花之盛。清潘荣陛《帝京梦时纪胜·赏菊》：

图3-18　赏菊（清陈枚《月曼清游图册》）

秋日家家胜栽黄菊，采自丰台，品类极多。惟黄金带、白玉团、旧玉团、旧朝衣、老僧衲为最雅。酒炉茶设，亦多栽黄菊，于街巷贴市招曰：某馆肆新堆菊花山可观。

此外，菊花有养生之功效，《神农本草经》曰："（菊花）久服利血气，轻身耐老延年"，早在汉魏时期就已盛行酿制菊花酒，《西京杂记》载："菊花舒时，并采茎叶，杂黍米酿之，至来年九月九日始熟，就饮焉，故谓之菊花酒。"当时帝宫后妃称之为"长寿酒"，将其视作滋补药品并相互馈赠。这种习俗一直流行到三国时代。晋人陶渊明有诗《九日闲居》云：

　　往燕无遗影，来雁有余声。酒能祛百虑，菊解制颓龄。

这里称赞了菊花酒的祛病延年作用。后来，饮菊花酒便逐渐成了中国民间的一种风俗习惯，尤其是在重阳时节，更要饮菊花酒。《荆楚岁时记》载："九月九日，佩茱萸，食莲耳，饮菊花酒，令长寿。"到了明清时代，菊花酒中又加入地黄、当归、枸杞等多种草药，食效更加。

一年一度秋风劲，又见处处红叶红，观红叶也逐渐成为人们的传统习俗。唐代杜牧的《山行》中曾描写了红叶之美：

　　远上寒山石径斜，白云生处有人家。停车坐爱枫林晚，霜叶红于二月花。

寒露时节，螃蟹正上市。螃蟹自古以来即是美味之食，东汉郑玄注《周礼·天官·庖人》："荐羞之物谓四时所为膳食，若荆州之鳊鱼，青州之蟹胥。"许慎《说文解字》曰："胥，蟹醢也（醢，肉酱）。"吃螃蟹作为一种闲情逸致的文化享受，约是从魏晋时期开始的。《世说新语》记载一则故事时曾写道："右手持酒杯，左手持蟹螯，拍浮酒船中，便足了一生矣。"这种饮食观影响了当时的许多"闲"人。从此，人们把吃蟹、饮酒作为金秋的必然饮食习俗，而且渐渐发展为聚集亲朋好友的"螃蟹宴"。《红楼梦》第三十八回写过一次集良辰、美景、赏心、乐事四者俱全的螃蟹宴，很是有趣。史湘云做东、薛宝钗家埋单，请贾府上下、老幼女眷，在大观园中赏菊、吃蟹、饮酒。大家在席间饮酒、谈笑，散席后又举行诗社活动，林黛玉在菊花诗中夺魁，薛宝钗则在螃蟹咏里写出绝唱：

咏　菊

　　无赖诗魔昏晓侵，绕篱欹石自沉音。毫端蕴秀临霜写，口角噙香对月吟。

　　满纸自怜题素怨，片言谁解诉秋心？一从陶令平章后，千古高风说到今。

图3-19　蒸螃蟹

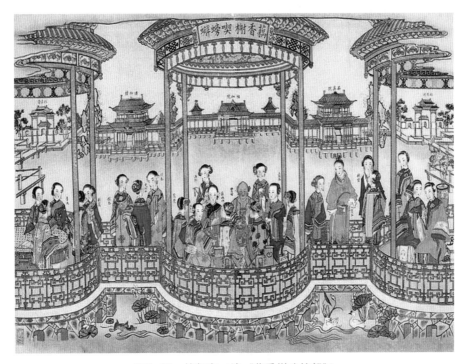

图3-20　螃蟹宴（清《藕香榭吃螃蟹》）

螃蟹咏

　　桂霭桐阴坐举觞，长安涎口盼重阳。眼前道路无经纬，皮里春秋空黑黄。

　　酒未涤腥还用菊，性防积冷定须姜。于今落釜成何益？月浦空余禾黍香。

　　江苏南京等地仍有俗话讲寒露吃螃蟹："寒露发脚，霜降捉着，西风响，蟹脚痒"，天一冷螃蟹的味道就好了；"九月团脐，十月尖"，农历九月雌蟹卵满、黄膏丰腴，正是吃母蟹的最佳季节，等农历十月以后，最好吃的则是公蟹了。

佳节倍思亲

寒露前后，适逢重阳。农历九月初九，是我国传统节日——重阳佳节。《易经》把"六"定为阴数，把"九"定为阳数，九月九日，两九相重、日月并阳，故曰重阳，也叫重九。重阳节的源头，最早可以追溯到春秋战国时期，有人认其原型或为古代的祭祀大火的仪式，但只是在帝宫中进行的活动。汉代，相传汉高祖刘邦的妃子戚夫人遭到吕后的谋害，其身前侍女贾氏被逐出宫，嫁与贫民为妻，便把重阳的活动带到了民间。贾氏对人说：在皇宫中，每年九月初九，都要佩茱萸、食篷饵、饮菊花酒，以求长寿。从此重阳的风俗便在民间传开了。"重阳节"名称见于三国时期曹丕的《九日与钟繇书》，其曰："岁往月来，忽复九月九日。九为阳数，而日月并应，俗嘉其名，以为宜于长久，故以享宴高会。"唐代，重阳节被定为正式的节日，一般会有登高、插茱萸、吃重阳糕等活动。

登高是重阳节的重要风俗，较早的传说见于梁朝吴均的《续齐谐记》，故事讲述的是汝南人桓景，多年随费长房游学，一日，费长房告诉他九月九日家中有灾，应离开，桓景为了躲避家中灾难，于是依其言举家登山，回来后见鸡犬牛羊暴死。于是，重阳登高便流传开来。到了魏晋，登高的日期已专定在九月九日。《荆楚岁时记》中有提到：九月九日，士农工商各行业的人都到郊外登高，设宴饮酒。东晋诗人谢灵运为了登高的方便，还自制了一种前后装有铁齿的木屐，上山时去掉前齿，下山时去掉后齿，人称"谢公屐"。唐代，很多诗人都记载了重阳节的活动。如李白《九日登巴陵置酒望洞庭水军》诗中说："九日天气晴，登高无秋云。"宋代登高依然风行，《东京梦华录》载："都人多出郊外登高，如仓王庙、四里桥、愁台、梁王城、砚台、毛驼冈、独乐冈等处宴聚。"明代，

皇帝到万岁山登高。清代，皇宫御花园内设有供皇帝登高的假山。

茱萸是一种药用植物，具备杀虫消毒、逐寒祛风的功能，并且有香味："茱萸自有芳，不若桂与兰"。古人把茱萸作为驱邪的神物，称其"辟邪翁"。重阳佩带茱萸的习俗在汉代就已出现，《荆楚岁时记》中即有记载。唐代诗人储光羲在《登戏马台作》中云："天门神武树元勋，九日茱萸飨六军"，写南朝宋武帝刘裕在重阳节宴群僚于戏马台，把茱萸当作犒赏全军的奖品。重阳插茱萸之习到唐代流行甚广，很多诗人都曾写过相关诗句，比如王维《九月九日忆山东兄弟》："遥知兄弟登高处，遍插茱萸少一人"；杜甫《九日蓝田崔氏庄》："明年此会知谁健？醉把茱萸仔细看。"宋代以后，重阳插茱萸的习俗慢慢衰微，茱萸只作药用。明清时，又用袋装茱萸以避毒害。如今，插茱萸的习俗几乎已经不多见。

图3-21　卖重阳糕（清《京城市景风俗图》）

重阳糕是重阳节应时节令食品。重阳糕，亦称"花糕"，多用米粉、果料等做原料，制法有烙、蒸两种，糕上插五色小彩旗，夹馅并印双羊，取"重阳"的意思。重阳吃糕起于唐代以前，《隋书·五行志》载，在南北朝时民间有"七月刘禾伤早，九月吃糕正好"的童谣，《唐六典·膳部》中有"九月九日麻葛糕"的记载，但是并无重阳节物之名。至宋代，汴京（今河南开封）、临安（今浙江杭州）等地已经十分盛行：《东京梦华录·重阳》有"前一二日，各以粉面蒸糕遗送，上插剪彩小旗，掺饤果实，如石榴子、栗黄、银杏、松子之肉类。又以粉作狮子蛮王之状，置于糕上，谓之狮蛮"；《梦粱录·九月》记载："此日都人市肆，以糖、面蒸糕，上以猪羊肉、鸭子为丝簇饤，插小彩旗，名曰重阳糕。"明代《五杂俎》引吕公忌曰："九日天明时，以片糕搭儿女头额，更祝曰：'愿儿百事俱高。'此古人九月作糕之意。"说明吃重阳糕取其谐音"高"之意，祈求儿女百事顺利。清代北京人也开始吃重阳花糕，《帝京岁时纪胜》载："京师重阳节花糕极胜。有油糖果炉作者，有发面垒果蒸成者，有江米黄米捣成者，皆剪五色彩旗以为标识。市人争买，供家堂，馈亲友。"我国南方彝、白、侗、畲、布依、土家、仫佬等少数民族同胞也有在九月初九过节并吃糕饼一类黏性食品的习惯，但相关的风俗风物传说却各有不同。如贵州锦屏、剑河、天柱一带的侗族人民，过重阳节都要打糯米粑吃，相传是纪念侗家民族英雄姜映芳率领起义军反抗官府取得胜利；而湘西土家族的节日打糯米粑，则有辟恶禳灾之意。

20 世纪 80 年代起，我国的一些地方开始把农历九月初九定为老人节，倡导全社会树立尊老与敬老之风；1989 年，我国政府将农历九月初九定为"老人节""敬老节"；2006 年 5 月 20 日，重阳节被国务院列入首批国家级非物质文化遗产名录；2012 年 12 月 28 日，中国全国人大常委会表决通过新修改的《老年人权益保障法》，其中明确规定每年农历九月初九为老年节。

第六节　霜降菊花黄

　　霜降是秋季的最后一个节气，同时也是季秋的第二个节气。《吕氏春秋》在记录与节气划定相关的内容时说到了"霜始降"，说明节气在最初完成对于春夏秋冬四季季节的划定之后，开始向气温、雨量、物候等方面发展。《月令七十二候集解》曰："九月中，气肃而凝，露结为霜矣"。

　　霜大多在晴天形成，即人常说"浓霜猛太阳"之理。寒霜起于晴朗的秋夜，地面上如同掀开了被，散热颇多，如果温度骤然下降，水汽就会凝结于草叶、泥土之上，或是形成细细的冰针，或是形成六瓣的霜花，熠熠闪光。气象学上，一般把秋季出现的第一次霜叫作"早霜"或"初霜"，把春季出现的最后一次霜称为"晚霜"或"终霜"。

　　太阳运行至黄经 210 度时，即为霜降，属于农历九月中气。从公历 10 月 23 日前后开始，每五日为一候，霜降共有三候：

　　霜降初五日，初候豺乃祭兽。霜降前后，豺狼开始捕获猎物，多者便摆放起来，用人类的视角来看就像是在祭祀，如同人间收获新谷用以祭天，以示回报，并以此祈祷来年风调雨顺。

霜降又五日，二候草木黄落。《秋风辞》云："秋风起兮白云飞，草木黄落兮雁南归"，《通典·礼》曰："季秋而草木黄落也。"寒霜侵袭，大地上的草木的叶子都枯黄掉落。

霜降后五日，三候蛰虫咸俯。《齐民要术校释》："蛰虫咸俯在内，皆墐其户。墐，谓涂闭之，此避杀气也。"昆虫全部蛰伏在洞中，不动不食。

《逸周书·时训解》曰："豺不祭兽，爪牙不良。草木不黄落，是为愆阳。蛰虫不咸附，民多流亡。"如果豺不摆放鸟兽，武士们将无所作为；如果草木不枯黄落叶，这就是阳气有差错；如果冬眠动物不蛰伏，老百姓会四处流浪。

霜降百工休

《礼记·月令》曰："霜始降，则百工休"，天气肃杀，农事基本告竣，但是人们在生活中还有很多的社会活动需要参与。清代有一首《龙江杂咏》提到了国家的军事活动以及人们对此的关注：

> 新制缺襟五尺袍，喜逢霜降动江艘。河神庙里明朝去，多破功夫看水操。
>
> 各营水操例在霜降前十日。

除了操练之外，旧时还有祭旗纛的仪式，是古代霜降日军队的一种官方祭祀活动，表示对于战争中旗鼓的重视。纛，是最初的军旗，可以单独出现，也可以出现在旗帜的顶端部分，因此又称作旗头。中国古代神话中有黄帝大战蚩尤的故事，据说黄帝擒住蚩尤之后，用他的身体做了四种东西：剥下蚩尤的皮做成靶子让大家射；

剪下蚩尤的头发绑在木杆上成为旌旗；用干草填满蚩尤的胃做成足球被大家踢；将蚩尤的肉剁成肉酱分给子民吃。其中的蚩尤之旌，很可能便是军旗的肇始。宋代曾巩有一首诗《晓出》写道：

> 晓出城南罗卒乘，皂纛朱旗密相映。貔貅距跃良家子，鹅鹳弥缝司马令。
> 夺标一一飞步疾，盘槊两两翻身劲。霸上今朝且儿戏，卫青异日须天幸。

皂纛在古代属于最重要的军旗，一般只出现在天子的仪仗队里。国之大事在祀与戎，而征伐之前举行的祭祀被称为祃祭，目的当然在于保佑出征顺利、平安。自汉以后，祃祭的主要内容便是以军旗祭祀神祇，而此时军旗正式的称呼就是旗纛。明代高启《观军装十咏·纛》写道：

> 发乱野牛惊，神专大将营。师行当祃祭，坛卜戮番生。

明朝初年，朱元璋在京师建造旗纛庙，庙祀时间是春秋两祀，春祭用惊蛰日，秋祭用霜降日。此后，祃祭正式纳入国家吉礼。清代，皇帝亲征时要在堂子内祭旗，建御营黄龙大旗，其后分列八旗大纛及火器营大纛各八面。

霜降前后，正在收获中的农人们举办迎社火的活动。社火是随着古老的祭祀活动而逐渐形成的，与远古时的图腾崇拜、原始歌舞也有着渊源关系。清代河北沧州霜降之后，农民会举行集体狩猎活动。

湖北应城县（今应城市）霜降忙完农事后，《应城县志》曰："相约朝山进香，以祈福佑，远则均州五当，近则黄陂木兰，沿路宣'南无佛'号，谓之'还愿'。"

霜迎秋果鲜

严寒逼来，纵然是侵杀百草的利剑，但事实上"霜降"并不等同于"霜冻"。霜降仅仅是一个节气，在这个时间段落里很多地方都会凝霜，但霜冻却是因为夜晚土壤表面温度骤然下降而使得植物体内水分发生冻结、代谢过程遭受破坏的一种危害。其实，霜降时分，很多应时的果蔬上市，反而是"一年补透透，不如霜降补"的大好时机。霜降是秋季的最后一个节气，秋令属金宜补，所以民间才有"补冬不如补霜降"的说法。

自古以来，柿子都是秋季的应时食物。《礼记·内则》记载了当时规定柿子是国君日常食用的三十一种美味食品之一。南北朝时期，梁简文帝曾称赞柿子是："甘清玉露，味重金液"。唐代，段成式在《酉阳杂俎》中总结出柿树有七大好处："一寿、二多荫、三无鸟巢、四无虫、五霜叶可玩、六嘉实、七落叶肥大。"宋代张澂有一首《椑侯柿》诗写道：

家山谬说冷糖霜，未若椑侯远擅场。甘似醍醐成蜜汁，寒于玛瑙贮冰浆。

学书博士空题叶，病渴文园却屡尝。不识梁侯底处所，虎贲要是似中郎。

天气渐凉，寒霜降临，秋燥明显，燥易伤津，所以可适当吃些健脾养阴润燥的食物，诸如柿子。而至元末明初时期，自然灾害频

图3-22 柿 子

繁，人们对柿子可以代粮充饥也有深刻的认识。据传，明高祖朱元璋小的时候家中十分贫困，经常没有食物可以果腹。有一年的霜降，朱元璋已经两天没吃饭，突然看到一棵柿子树，上面结满了红彤彤的柿子。于是，他就饱饱地吃了一顿柿子。若干年后，朱元璋做了皇帝，有一年霜降日再次路过那棵柿子树旁，便将红色战袍挂在树上，封其为"凌霜侯"。

民间素有"小人参"美称的萝卜，也在霜降时节进入收获的时间。萝卜，早在《诗经》中就有被食用的记载，大抵"葑""菲"之类。从北魏的《齐民要术》到清代的《随园食单》，各种萝卜美食不胜枚举。古代农书中曾评价萝卜为："可生可熟，可菹可酱，可豉可醋，可糖可腊，可饭，乃蔬中之最有利益者"，生吃也行，熟吃也好，可以腌成萝卜条，也可以晒成萝卜干，花样繁多，可以吃到"离了萝卜摆不了席"的地步。宋代苏轼《狄韶州煮蔓菁芦菔羹》中写道：

> 我昔在田间，寒疱有珍烹。常支折脚鼎，自煮花蔓菁。
> 中年失此味，想像如隔生。谁知南岳老，解作东坡羹。
> 中有芦菔根，尚含晓露清。勿语贵公子，从渠醉膻腥。

东坡羹，大抵是将萝卜、白菜、大米等一锅乱炖。因其鲜美，也因食材几乎都出自自己的辛苦劳作，或者最重要的原因是羹中有着苏轼最爱的萝卜。据说，苏轼与其兄弟苏辙一样，深信长生之术，大抵是看了很多关于萝卜养生的介绍，就此相信萝卜能延年益寿，终陷于"萝卜"宴中。

旧时北京还有霜降时吃兔肉的习俗，也称迎霜兔。明代《酌中志·饮食好尚纪略》曰："九日重阳节，驾幸万岁山，或兔儿山，旋磨山登高，吃迎霜麻辣兔，饮菊花酒"，《日下旧闻考·风俗三》也曰："重阳前后设宴相邀，谓之迎霜宴。席间食兔，谓之迎霜兔。"有人认为，这种民俗或许和清代皇帝爱好打猎有关。皇上到关外的木兰围场打猎，而一般旗人到京城的西山打猎，于是猎到的野味便成为这个时节吃食的最佳选择。兔子应霜降之日，美名曰迎霜兔。时至今日，北京稻香村仍在霜降前后推出熏兔肉，作为应时食物。

迎霜赶歌圩

霜降节是壮族典型的民俗节庆，主要流行于广西的天等、大新、德保、靖西、那坡等地，每年公历 10 月 23 日前后霜降期间，壮族霜降节庆持续三天，分为"初降"（或称头降）、"正降"与"收降"（或称尾降），其中的"中降"为节庆活动的高潮。壮族霜降节主要依托于稻作文化，最初是壮族民众酬谢自然、庆祝丰收的形式，后又融入了纪念民族女英雄抗击倭寇的事迹，传播民族历史文化，宣扬保卫家园、谋求平安的民族精神。

初降这一天，传统要敬牛，即让牛休息。此时壮乡的晚稻已经收割结束，劳作了一年的乡民们会用新糯米做成"糍那""迎霜粽"，招待四面八方的亲戚朋友。清光绪《归顺直隶州志》"霜降节"的记载中提到：霜降前一日，各家各户会进行祭祀祖先的活动，并做迎霜粽以酬谢友邻，分享快乐是霜降做迎霜粽的初衷和根本用意所在。此外，初降这天的庙会也是很早开始，客商们早早地

摆开摊位，各类商品，应有尽有。

正降的上午敬神。人们先拿着祭品到娅嫫庙祭拜进香，一些人还打扮成士兵模样，举着牙旗，敲锣打鼓，在狮子的开道下把娅嫫画像抬出来巡游。娅嫫神所到之处，锣鼓喧天，迎神的鞭炮声不断，沿街商家也会开门点上三炷香朝拜。游神结束后，霜降节进入闻名的"霜降圩"，人们认为霜降节购买的东西耐用，吉祥。所以，旧时人们会省下一年的钱，到霜降节时才买新东西，图个吉利。正降晚上，是丰富多彩的文娱表演时间。人们搭起舞台演壮戏，或是对山歌，对歌有时一直持续到第二天的收降，形成规模宏大的霜降歌圩。

壮族霜降节最初是壮族民众酬谢自然、庆祝丰收的一种聚会形式，表达对于五谷丰登的祈盼与喜悦。明代嘉靖年间，壮族霜降节融入了纪念民族女英雄抗击倭寇的英雄事迹的内容。清代，壮族霜降节进入鼎盛时期，物资交流更趋繁荣，甚至还有越南客商远道而来。此外，还有山歌对唱、戏剧演出、走亲访友等内容。改革开放后，壮族霜降节又增加了祈福长寿以及篮球、拔河比赛等活动。从此，壮族霜降节不仅仅是稻作文化传统的体现，更是民族团结与文化认同的重要载体。

2010 年，广西天等壮族霜降节入选第三批广西壮族自治区级非遗项目名录；2014 年，又被列入国家级第四批非遗项目名录；2016 年 11 月，"壮族霜降节"作为中国二十四节气扩展项目之一入选联合国教科文组织人类非物质文化遗产代表作名录。

第四章　冬雪大寒：冬季节气

　　冬季，北风呼啸，大地冰封，从孟冬、仲冬行至季冬，经过立冬、小雪、大雪、冬至、小寒和大寒六个节气，时间跨度大约从公历11月初到来年2月初，其间天凝地闭、阳气渐升，冬季的节气生活也围绕着闭藏养阳展开。

咏立冬十月节

霜降向人寒，轻冰渌水漫。蟾将纤影出，雁带几行残。
田种收藏了，衣裘制造看。野鸡投水日，化蜃不将难。

咏小雪十月中

莫怪虹无影，如今小雪时。阴阳依上下，寒暑喜分离。
满月光天汉，长风响树枝。横琴对渌醑，犹自敛愁眉。

咏大雪十一月节

积阴成大雪，看处乱霏霏。玉管鸣寒夜，披书晓绛帷。
黄钟随气改，鹍鸟不鸣时。何限苍生类，依依惜暮晖。

咏冬至十一月中

二气俱生处，周家正立年。岁星瞻北极，舜日照南天。
拜庆朝金殿，欢娱列绮筵。万邦歌有道，谁敢动征边？

咏小寒十二月节

小寒连大吕，欢鹊垒新巢。拾食寻河曲，衔紫绕树梢。
霜鹰近北首，雏雉隐丛茅。莫怪严凝切，春冬正月交。

咏大寒十二月中

腊酒自盈樽，金炉兽炭温。大寒宜近火，无事莫开门。
冬与春交替，星周月讵存？明朝换新律，梅柳待阳春。

——卢相公、元相公

第一节　立冬送寒衣

立冬是冬季的第一个节气，同时也是孟冬的第一个节气。《月令七十二候集解》曰："立冬，十月节。立，建始也。五行之气往者过来者续于此。冬，终也，万物收藏也。"阳气潜藏、阴气盛极，万物趋向休养，以冬眠的状态为来春生机勃发做好充足的准备。

太阳运行至黄经 225 度时，即为立冬，属于农历十月节令。从公历 11 月 7 日前后开始，每五日为一候，立冬共有三候：

立冬初五日，一候水始冰。《周易·坤卦》爻辞："履霜，坚冰至。"《象》曰："履霜坚冰，阴始凝也。驯致其道，至坚冰也。"《月令七十二候集解》："水始冰。水面初凝，未至于坚也。"气温降低，水面开始凝结成冰，

图4-1　立冬节气

但寒气有限，冰面不至于坚不可摧。

立冬又五日，二候地始冻。《月令七十二候集解》："土气凝寒，未至于坼。"寒气入土，土地也开始上冻，但积蓄的热量还在，土地不至于冻如石块。

立冬后五日，三候雉入大水为蜃。蜃，即蚌类。《左传·昭公十七年》曰："郯子曰：'丹鸟氏，司闭者也。……五雉，为五工正'，杜预注曰："丹鸟，雉者。立秋来，立冬去，入水为蜃。五雉，雉有五种也。"天寒地冻，雉鸟蛰伏，天空中不见了鸟儿的影迹，水中的蚌类却在此时大量繁殖，所以古人以为是雉变成了蜃。

《逸周书·时训解》有曰："水不冰，是谓阴负。地不始冻，咎征之咎。雉不入大水，国多淫妇。"如果水面不开始结冰，就是阴气不足；如果地面没有开始封冻，是灾祸的征兆；如果野鸡不飞入大海化为大蛤，国中会出现大批淫妇。

补冬治其寒

立冬，万物收藏，以避寒冷。人类虽没有冬眠之说，但却有进补的意识。《饮膳正要》曰："冬气寒，宜食黍，以热性治其寒。"多吃主食，适当吃羊肉、鹌鹑和海参，保证蛋白质、脂肪和碳水化合物的热量供应。为了适应气候季节性的变化，调整身体素质，增强体质以抵御寒冬，全国各地在立冬纷纷进行"补冬"与"养冬"。

立冬日杀鸡宰羊或以其他营养品进补称"补冬"。南方人补冬爱吃鸡鸭鱼肉：鸡肉蛋白质的含量比例较高，而且

图4-2 鸡 汤

消化率高，很容易被人体吸收利用，有增强体力、强壮身体的作用；鸭肉的营养价值与鸡肉相仿，肉性味甘寒，有养胃、补肾、止咳、化痰等作用。鱼肉则是一些维生素、矿物质的主要来源。北方人补冬则更多爱吃牛羊肉：牛肉有补中益气、滋养脾胃、强健筋骨的功能，为寒冬补益佳品；羊肉可以补体虚，祛寒冷，温补气血，寒冬正是吃羊肉的最佳季节。宋代诗人陆游有一首《今年立冬后菊方盛开小饮》诗曰：

> 胡床移就菊花畦，饮具酸寒手自携。
> 野实似丹仍似漆，村醪如蜜复如斋。
> 传芳那解烹羊脚，破戒犹惭擘蟹脐。
> 一醉又驱黄犊出，冬晴正要饱耕犁。

此外，立冬还有一样标志性食物——饺子。饺子是我国北方传统的节庆食品，几乎很多节日都能看到饺子的身影，同时也是具有悠久历史的传统食物，距今已有数千年。饺子在其漫长的发展过程中有了很多称呼，最早时被称为"牢丸""扁食""饺饵""粉角"等，三国时期称"月牙馄饨"，南北朝时期称"馄饨"，唐代称"偃月形馄饨"，宋代称为"角儿"，明朝元代称为"扁食"，清朝开始称为"饺子"。有种说法认为饺子来源于"交子之时"的说法，大年三十是旧年和新年之交，所以吃饺子，而立冬是秋冬季节之交，所以也要吃饺子。旧时京津地区立冬有吃倭瓜饺子的风俗。倭瓜是北方常见的蔬菜，一般倭瓜是在夏天买的，存放起来经过长时间糖化，在冬至这天做成饺子馅，别有一番滋味。

甘蔗也可列入冬季进补的食物之一，事实上人们很早就将甘蔗

视为补养之物了，《神异经》中记载：

> 南方山有邯蔗之林，其高百丈，围三尺八寸。促节多汁，甜如蜜，咋啮其汁，令人润泽，可以节蚘虫。人腹中蚘虫，其状如蚓，此消谷虫也，多则伤人，少则谷不消，是甘蔗能减多益少，凡蔗亦然。

《本草纲目》记载："蔗，是脾之果也。其浆甘寒，能泻火热。"立冬之后，甘蔗已经成熟，吃了不上火，不仅能起到滋补的功效，还可以保护牙齿。因为甘蔗的纤维含量很高，食用时反复咀嚼类似于刷牙，有助于提高牙齿的洁净和抗龋能力，福建、潮汕地区有民谚曰："立冬食蔗齿不痛。"

冬令进补吃膏滋是苏州人立冬的传统习俗。膏滋是用中药加水煎煮后滤渣，将药液浓缩再加蜂蜜等做成的膏状剂型。从唐宋时期开始，医家已重视膏滋的使用，并把它视为祛病强身、延年益寿的好方法。旧时苏州，大户人家用红参、桂圆、核桃肉烧汤喝，有补气活血助阳的功效。如今每到立冬节气，苏州一些中医院以及部分老字号药房也会开设进补门诊，为老百姓煎熬膏滋。

古时，人们的生产与生活在严酷的自然条件下并没有如今发达的科技进行辅佐，所以一旦经过丰收的喜悦之后，便开始筹划储备物资以度过寒冬，等待来年春回大地，进入再一轮新的忙碌。进入冬季，万物萧条，很多地方便会在立冬这天将新鲜蔬菜收藏起来，以备过冬之需。《东京梦华录》记载了汴京人在立冬时，忙着准备冬菜的情景：

是月立冬，前五日，西御园进冬菜。京师地寒，冬月无蔬菜，上至宫禁，下及民间，一时收藏，以充一冬食用，于是车载马驮，充塞道路。

腌制蔬菜是最古老、最普遍，也是冬季最常见的加工蔬菜的方法，旧时称为"菹"。"菹"字，汉代之前指将食物用刀子粗切，同时也指切过后做成的酸菜、泡菜或用肉酱汁调味的蔬菜，汉以后则泛称加食盐、加醋、加酱制品腌制成的蔬菜。

除了腌菜之外，很多地方的人也在这一天酿酒。清代陈芝诰有一首《怀城四季竹枝词》描写广西人们十月酿酒的习俗：

> 味备香甜胜四花，头冬美酒俗堪夸。他年过礼迎新妇，十二坛应送女家。
>
> 立冬后，各家酿酒，名"头冬酒"。有"三花""四花"之目。

冬酒是广西全州东山瑶族乡等瑶族同胞的家常酒，他们常以冬酒代茶。每逢客人登门，主人更是以冬酒作为见面礼款待客人。冬酒制作的最大讲究之处是一定要用立冬后的泉水。酿制冬酒的原料很多，常见的有糯米、高粱、粟米、栗树籽等。立冬以后，瑶族人上山采摘栗树籽，将其去壳后，用竹箩装好浸入水中，将涩味全部泡出，洗涤干净，掺入糯米、小米，放置蒸笼中蒸熟，待其冷却，然后撒上自制的酒药，搅拌均匀，用手一捧一捧细心地放入瓷缸内封盖好，埋入谷糠中发酵成酒，而后将酒舀入腹大口小的海缸，舀酒兑泉水而饮。

冷霜送冬装

立冬时节，北半球太阳的辐射量越来越少，但由于下半年贮存的热量还有一定的积蓄，所以一般还不会太冷。自秋入冬是季节的转折，也是一年中极为重要的时间点。人们在秋粮入仓之际要酬谢神灵、庆祝丰收，同时也要对即将来到的萧条光景进行准备和祈祷，以求健康、完满地度过冬季。

从个人的角度而言，人们为了过冬会准备好冬衣冬帽，并对自身进行清洁，有利于安然过冬。《西湖游览志馀·熙朝乐事》记载："立冬日，以各式香草及菊花、金银花煎汤沐浴，谓之扫疥。"古时冬日天冷，洗澡不便，疥虫、跳蚤等寄生虫便乘机在人身上繁殖起来，皮肤病也容易流行、传染。人们在立冬这天洗药草香汤浴，正是希望把身上的寄生虫全部杀死洗干净，整个冬天不得疥疮。而从社会的角度来说，人们此时会举行一定的仪式酬谢并祈盼冬日时光的安稳过渡。古人以冬与五方之北、五色之黑相配，故皇帝有立冬日出郊迎冬的仪式。《礼记·月令》："（孟冬、仲冬、季冬之月）其帝颛顼，其神玄冥"，据说冬神名叫禺强，字玄冥，人面鸟身，耳朵上挂着两条青蛇，唐代李白《大猎赋》："若乃严冬惨切，寒气凛冽，不周来风，玄冥掌雪"。《后汉书·祭祀志中》："立冬之日，迎冬于北郊，祭黑帝玄冥，车旗服饰皆黑，歌玄冥，八佾舞育命之舞"，皇帝率领文武百官到京城北郊祭冬神。祭祀冬神的场面十分宏大，《史记》记载，汉朝时祭祀冬神，要有七十个童男童女一起唱《玄冥》之歌。

除了祭祀冬神以外，立冬之日还会举行郊外迎冬的仪式，并赏群臣冬衣以抚恤孤寡，《吕氏春秋·孟冬》记曰："是月也，以立冬。先立冬三日，太史谒之天子。曰：'某日立冬，盛德在水。'

天子乃斋。立冬之日，天子亲率三公九卿大夫以迎冬于北郊。还，乃赏死事，恤孤寡。"立冬这天，皇帝率领三公九卿大夫到北郊六里处迎冬。回来后，皇帝要对那些为国捐躯的烈士及其家小进行表彰与抚恤。晋代崔豹《古今注》："汉文帝以立冬日赐宫侍承恩者及百官披袄子"，便是赐予百官过冬装备。

虽然民间并没有如此宏大的信仰仪式，但是严寒的季节即将来临，给生活在另一个世界里的人带去问候与储备也是必要的，位于霜降到立冬时间段落内有"寒衣节"。

寒衣节，也称"十月朝"，除烧送纸钱外，传统的寒衣节还要烧送五色纸做的寒衣，以示过冬御寒。《帝京景物略·春场》有对当时寒衣节的详细描述：

> 十月一日，纸肆裁纸五色，作男女衣，长尺有咫，曰寒衣。有疏印缄，识其姓字辈行，如寄书然。家家修具夜奠，呼而焚之其门，曰送寒衣。新丧，白纸为之，曰新鬼不敢衣彩也。送白衣者哭，女声十九，男声十一。

气候变冷，为了避免先人在另外一个世界难耐酷寒，十月初一晚上人们要在门外焚烧五色纸，算作寒衣，大意是天气冷了，给先人们送去御寒的衣物，寄托着今人对故人的怀念之情。关于寒衣节，民间传说与孟姜女相关：

> 孟姜女的丈夫杞梁应官府征役去修筑长城，孟姜女在十月初一这天启程，给远在千里外的丈夫送衣御寒。等她来到筑城工地，获知丈夫已劳累而死并被埋进长城脚下后，孟姜女号啕

痛哭，竟使长城城墙坍倒，得以收葬丈夫尸骨，然后投海自尽。
百姓闻此深受感动，以后每到十月初一这天，便焚化寒衣，代
孟姜女寄送给亡夫，从而逐渐形成了追悼亡灵的寒衣节。

旧时北京有句谚语叫"十月一，送寒衣"，每年到十月初一，
人们总是预先糊好"寒衣包""金银包袱"，在包袱外面写上地址
和某某人收，然后焚化。晋南地区送寒衣时会在五色纸里夹一些棉
花，意思是为亡者做棉衣、棉被使用。此外，民间送寒衣时还讲究
在十字路口焚烧多余的五色纸，是为了给那些无人祭祖的孤魂野
鬼，以免给亲人送去的过冬衣物被抢。

此外，人们还会通过卜岁等习俗祈求上天赐给来岁的丰年。古时，
人们常在立冬这天预测未来的天气，并认为立冬晴天是个好兆头：

> 立冬晴即一冬晴，处处田家笑语声。
> 镇日鹿场铺竹簟，黄金色样晒香粳。

> 立冬无雨一日晴，且喜渠潭处处盈。
> 入腊更占来岁稔，居然三白见祥霙。

"立冬无雨一日晴"，谚语谓立冬节日无雨，可期久晴也。腊雪尤盼屡
降，为来岁丰稔之兆。

以上两首竹枝词分别来自陕西和江苏，可见很多地区都以立冬
晴好为愿，其中包含着人们对于来岁年景的期盼。福建霞浦将立冬
卜岁称为"问苗"，这天人们相率到龙首山的舍人宫田祖前卜问来
年的丰歉。

第二节　小雪雨变雪

小雪是冬季的第二个节气，同时也是孟冬的第二个节气。《三礼义宗》曰："小雪为中者，气叙转寒，雨变成雪，故以小雪为中"，《月令七十二候集解》记曰："十月中，雨下而为寒气所薄，故凝而为雪。小者未盛之辞。"由于天气寒冷，降水形式由雨变为雪，但又由于"地寒未甚"，所以雪量不大，地面无法形成积雪。因此，小雪表示降雪的起始时间和程度，是直接反映降水的节气。

太阳运行至黄经 240 度时，即为小雪，属于农历十月中气。从公历 11 月 22 日前后开始，每五日为一候，小雪共有三候：

小雪初五日，初候虹藏不见。《礼记·月令》曰："季春之月，虹始见，孟冬之月，虹藏不见。"冬天的空气寒冷而干燥，水分不足，不再有雨，于是彩虹很难出现。

小雪又五日，二候天气上升地气下降。天气转寒，阳气上升、阴气下降，阴阳二气之间并不相互交通，阳气衰败而由阴气主导。

小雪后五日，三候闭塞而成冬。阴阳不通，导致天地闭塞，万物失去生机，进而转入严寒萧条的冬天。

《逸周书·时训解》曰："虹不藏，妇不专一。天气不上腾，地气不下降，君臣相嫉。不闭塞而成冬，母后淫佚。"如果彩虹不隐藏，妻子不忠于丈夫；如果阳气不升天，阴气不落地，君臣间相互憎恨；如果天地不闭塞成冬，国内淫乱放荡。

图4-3　小雪节气

瑞雪初盈尺

小雪节气期间，人们也会占验天气和农事。瑞雪兆丰年，霜重见晴天。小雪节气以后的降雪是应时的雪，俗称"瑞雪"。瑞雪有利于粮食丰收，令人倍感欣喜与期待。民间也有"小雪雪满天，来年定丰年""小雪大雪不见雪，小麦大麦粒要瘪"的说法，可见雪对于庄稼有着实在的好处。据《农政全书·占候》记载：十月之内若有雷，主灾疫，谚云"十月雷，人死用耙推"；如果有雾，俗称"沫露"，主来年水大，谚云："十月沫露塘溢，十一月沫露塘干"。据民间传说，农历十月十六日是寒婆婆的生日（或是打柴的日子），老百姓有以这天天气好坏来推断整个冬季天气情况的习俗：

寒婆婆是鲁班的母亲，农历十月十六日冻死后成了神仙，玉皇大帝因其冻死于严冬，称她为寒婆婆，并命她掌管冬季气候，特地恩准她在离开人世的这一天，下凡去备足冬天取暖的柴火。所以，如果天气晴好，寒婆婆就上山打柴，有柴取暖那么整个冬季就雨雪不断；如果下雨下雪，寒婆婆怕冷不敢出门打柴，她就会多安排些晴天，整个冬季也就不太冷了。

（罗杨总主编，王永红本卷主编：《中国民间故事丛书·湖北宜昌·五峰卷》，知识产权出版社，2016年，第13-14页）

虽已入冬令，但天气并不十分寒冷，一些果树会开二次花，呈现出好似春三月的暖和天气，民众便称这种天气为"小阳春"。明谢肇淛《五杂俎·天二》记载："天地之气，四月多寒，而十月多暖，有桃李生华者，俗谓之小阳春"，明徐光启《农政全书·占候》也说："冬初和暖，谓之十月小春，又谓之晒糯谷天。"

由于地广物博，立冬时节的中原地区正处在秋收的扫尾阶段。《四民月令》记载，十月的农事是"趣纳禾稼，毋或在野"，就是说人们要及时收获庄稼，不要把庄稼留在田里。据《礼记·月令》记载，孟冬十月，天子会派官员巡视，让人们把露天堆放的禾稼、柴草全部收藏起来，如果到了十一月，农作物还不入库的话，旁人就可以将其取走，不会被责罚。

在东北地区，小雪时节是进山打猎的好时候。清代姚元之有一首《辽阳杂咏》诗，写道：

> 辽阳壮士气昂藏，北山杀虎如杀羊。
> 传来小雪明朝是，检点长竿白蜡枪。
> 将军岁以小雪后出围，每岁例进两虎。

"小雪封地，大雪封河"，在传统农作区域，人们的活动由户外逐渐转移到室内，进入"猫冬"的状态。当然，随着社会的发展，人们已打破以往的猫冬习惯，利用冬闲时间大搞农副业生产，因地制宜进行冬季积肥、造肥、柳编和草编等活动。

冬日则饮汤

小雪节气以后，西北风比较多，由于气温骤降，人体易感受寒邪而生病。这个时间段里人们喜欢热乎乎的东西，更容易助长体内火气，所以寒冬季节，应多吃白萝卜、白菜等当季食物，能清火、降气、消食。

从立冬开始，家家户户都会腌制一些蔬菜以应过冬之需，只是每个地方选择的时间点并不相同。宋代诗人梅尧臣有《寒菜》诗曰：

畦蔬收莫晚，圃吏已能使。根脆土将冻，叶萎霜渐浓。

不应虚匕箸，还得间庖馔。旨蓄诗人咏，从来用御冬。

华东江浙一带会在小雪时节腌寒菜，清代厉惕斋在《真州竹枝词引》中记载了这个习俗："小雪后，人家腌菜，曰'寒菜'。"腌寒菜要一只一人高的大缸，缸里铺一层青菜、码一层盐，装到满满一缸了，人站上去踩实。等压实了，再抬一块大石头重重地压在上面，"寒菜"就算腌好了。小雪过后，河南人也腌"寒菜"。

小雪前后吃刨汤是土家族的风俗习惯。"刨汤"指的是刚刚宰杀的猪，过开水煺毛，趁着肉还没变成僵硬的肉块前，即烹制做成各种美味的鲜肉大餐，也叫"杀年猪"。这头猪是自己家为过年时吃的，有的杀猪匠还会看"彩头"，从赶猪出栏开始，一直到猪断气，通过猪的反应、猪血的颜色和流法、猪断气前的各种细节来占卜主人家明年的运道。杀年猪要请亲朋好友，大家一起吃喝玩乐，热情的主人一般还要给来的客人送一刀肉。小雪前后吃刨汤，是寒冬里的一道大餐，为即将到来的新年做好了充足的准备。台湾中南部地区则是晒鱼干以过冬。乌鱼、旗鱼、鲨鱼等在小雪前后游到台湾海峡，渔民捕捞后开始晾晒，储存过冬的食物。

下元多祭祀

小雪节气期间的农历十月十五是我国传统节庆中的下元节，跟我国土生土长的道教有着很大的关系。道家认为农历十月十五为水官诞辰日，也是水官解厄之日，即水官根据考察报奏天庭，为人解厄。宋代吴自牧《梦粱录》："（十月）十五日，水官解厄之日，宫观士庶，设斋建醮，或解厄，或荐亡"，《中华风俗志》记载："十月望为下元节，俗传水官解厄之辰，亦有持斋诵经者。"

下元节是水官大帝——大禹的诞生日，相传当天禹会下凡人间为民解厄，所以家家户户张灯三夜，在正厅上挂着一对提灯，并在灯下供奉鱼肉水果等，以求平安，因此又称"消灾日"。道教弟子家门外均竖天杆，杆上挂黄旗，旗上写着"天地水府""风调雨顺""国泰民安""消灾降福"等字样，而道观会做道场，为民众解厄除困，民众前往道观观祭。福建莆田一带，各家各户都要在田头祭水神，祈求农作物平安过冬。福建漳州旧俗为焚香点烛，以祭"三官大帝"，并在大厅前悬挂三盏玻璃宫灯，名之为"三界公灯"。"斋三官"的风俗在江苏常州的农家一直传承，主要是用新谷磨糯米粉做小团子，包素菜馅心，蒸熟后在大门外做斋，有农谚云："十月半，牵砻做团斋三官"。

在民间，下元节工匠们会祭炉神——太上老君。清代孙嘉淦《重修炉神庵老君殿碑记》云："老君之为炉神。于史传无所考，予尝揣以意，或世传道家丹灶，可铅汞致黄白故云尔，抑亦别有据耶？吾山右之贾于京者，多业铜、铁、锡、炭诸货。以其有资于炉也，相沿尸祝炉神。"也就是说，太上老君为炉神于史料无考，作者推测是因为道士的炼丹炉能使铅汞变金银，太上老君的炼丹炉又

图4-4　宋马麟《三官出巡》

很是出名，所以使用火炉的铜铁锡等匠人尊其为炉神。

民间信奉的还有一位女性炉神——李娥，也被称为"炉神姑"。民间传说：李娥的父亲在三国时期为铁官，为东吴打造兵器，一次，炼金竭炉而铁水不出。当时东吴刚建立，法令甚严，诸耗折官物十万，即坐斩。李娥的父亲耗损的量大于十万，十五岁的李娥很痛心，于是投身于炉中，只见铁水溢出炉口，李娥的鞋子浮出而身体已经熔化。为了纪念这位无私无畏、勇于献身的姑娘，人们尊称她为"炉神姑"，并为她建庙宇、塑神像，以示怀念。

下元节一般也是一年中最后一个月圆的日子，人们会进行祭祖活动：在月亮出来的时候，把家谱、祖先像、牌位等供于上厅，然后摆好香炉、供品等，开始祭祀亡灵，祈求保佑。山东邹县民间，下元节要专门设宴祭祀祖先。

农历十月十五日是潮汕民间信仰中"五谷母"的神诞日，五谷母又称五谷大帝、五谷爷，"母"并不是指性别，而是指其"创造"了粮食。民间供奉的"五谷母"像多为神农氏，因其教人种五谷，被奉为五谷神。潮汕地区，每年农历六月十五和十月十五正是早晚稻收成的时候，所以一般选择这两个日子进行拜祭。五谷神在每个家庭平常没有神位，拜祭时有的设在饭桌上，有的设于米缸前，有的直接在收割完的田地里，农民用米筒装满白米，筒口封上红纸，供插香烛用，便算是"五谷母"炉，焚香拜祭时用"五谷丰登，米粮充足"的祷祝来答谢五谷神。

　　闽西客家地区下元节也称为"完冬节"，农家打糍粑，做米果，煮芋子包，做豆腐，美餐一番，俗称"做完冬"。也有些乡村打醮祀神，请亲友看戏，捉傀儡。而在福建宁化，下元节要前往佛庙烧香，农家普遍要打糍粑分送亲友，做些红烧肉等菜肴下酒，作为过节家宴。

第三节　大雪兆丰年

　　大雪是冬季的第三个节气，同时也是仲冬的第一个节气。《月令七十二候集解》曰："大雪，十一月节，至此而雪盛也"，时入仲冬，寒气凝固，雪量见涨，雪时也见长，大地时常呈现一片白

图4-5　大　雪

色，洁白而清净。大雪，也标志着仲冬时节的正式开始，万物已然蛰伏，自然仅余萧瑟，积寒凛冽，凝集为雪。

太阳运行至黄经 255 度时，即为大雪，属于农历十一月节令。从公历 12 月 7 日前后开始，每五日为一候，大雪共有三候：

大雪初五日，初候鹖鴠不鸣。鹖鴠，东汉郑玄注《礼记·坊记》时说是一种"夜鸣求旦之鸟"，晋郭璞认为这种鸟夏月毛盛、冬月裸体、昼夜鸣叫，所以又称"寒号"，这种鸟因为冬至日近，感知到了阳生气暖，所以不再鸣叫。

大雪又五日，二候虎始交。虎，与鹖鴠一样，大寒时节也感知到了阳气，开始求偶交配，来年三四月时幼虎出生，完成生命的延续。

大雪后五日，三候荔挺出。《礼记·月令》曰："仲冬时节，芸始生，荔挺出"。芸，《说文解字》曰："荔，似蒲而小，根可为刷"，清人段玉裁注："今北方束其根以刮锅"，意思是把它的根捆绑起来作为锅刷。"荔挺出"，在这千里冰封、万里雪飘的严寒时节，细微的小草感到了一丝阳气的萌动，凛寒而生。

《逸周书·时训解》有曰："鴠鸟犹鸣，国有讹言。虎不始交，将帅不和。荔挺不生，卿士专权。"如果寒号鸟还在啼叫，国内有妖言惑众；如果老虎不交配，将帅不和睦；如果荔草不长出来，卿士们会专权欺主。

瑞雪藏丰年

大雪期间，是北方的农闲季节，几乎只有修葺禽舍、牲畜圈墙等基本农事工作，民谚曰："大雪纷纷是旱年，造塘修仓莫等闲"，所以此时要加紧兴修道、修仓等事务，以备将来之需。而在南方地区，小麦、油菜等作物仍在缓慢生长，加强农作物的田间管理很重要。

民间有很多关于雪与农作物之间关系的谚语，比如"瑞雪兆丰年""冬天麦盖三层被，来年枕着馒头睡""大雪兆丰年，无雪要遭殃""腊雪盖地，年岁加倍""雪多见丰年"，等等。一场大雪使得田地像盖了一床棉被一样，土地里热量被保留，可以保护越冬农作物，一旦雪融化渗透到土里，越冬的虫卵则会被冻死，有利于农作物的生长。"大雪不寒明年旱"，如果大雪时节不降温，来年雨水不满，有可能导致干旱；"大雪下雪，来年雨不缺"，大雪节气下雪，预示着来年雨水充沛；"大雪不冻倒春寒"，如果大雪不冷的话，来年春天会"倒春寒"，要未雨绸缪，提前做好应对准备。

"小雪腌菜，大雪腌肉"，这个时间段，人们仍然处在储备过冬食物的过程之中，如清代《西山渔唱》所记：

> 盈肩青菜饱经霜，更比秋菘味更长。
> 列甏家家夸旨蓄，算来都是粪渣香。

> 大雪前后，家家腌菜，皆园户挑送。平日至人家收粪灌园，至是以菜偿之。

大雪节气一到，我国南方地区的农人们开始准备过年的腊肠、腊肉等，到春节时正好可以享受美食。腊肉是我国湖北、湖南、江西、云南、四川、贵州、陕西等地的特产，已有几千年的历史。古时，腊肉一般是指农历十二月（腊月）打猎获得的上品猎物，多用来祭祀宗庙。一般来说，我国南方地区潮湿炎热，储存猎回的肉类十分困难，于是人们发明了腊肉，久而久之也就成了人们寒冬腊月里的吃食。"未曾过年，先肥屋檐"，说的就是到了大雪节气期间，会发现许多人家的门口、窗台都挂上了腌肉、香肠等，形成了一道亮丽的风景。

大雪时节依然是台湾渔民捕获乌鱼的好时节。"小雪小到，大雪大到"，即是指从小雪时节，乌鱼群慢慢进入台湾海峡，到了大雪时节因为天气越来越冷，乌鱼群沿水温线向南洄游，汇集的乌鱼也越来越多，产量非常高。

冒寒嬉冰雪

寒冬时节，大雪漫天。物资被储备起来留作过冬之用，俗称"冬藏"；人们从一年的繁忙农事中解放出来，俗称"冬闲"。冬闲时分，物候为准，人们会利用此时的自然条件，按照节令行事作息，或是观雪赏景，或是冰嬉作乐，纵情于天寒地冻之中，敞怀于傲雪凌霜的气势之下。

古人称雪为"五谷之精"，《埤雅》曰："雪六出而成华"，"言凡草木华多五出，雪华独六出。"除却农事，雪景之美，也能激发人们此时对于自然物候的钟爱与叹然。从宋代开始，赏雪作为市井生活的开始见于文献记载。《武林旧事》中描述了杭州城内的王室贵戚在赏雪的去处："禁中赏雪，多御明远楼"，眼前有通透琉璃，后苑有大小雪狮，并有雪灯、雪山，一片美景，赏心悦目。《东京梦华录》记载："豪贵之家，遇雪即开筵，塑雪狮，装雪灯，以会亲旧"，《梦粱录》记载，当时临安人很喜欢在西湖赏雪。宋代嘉泰元年（1201）居士张约斋在《赏心乐事》中为自己计划了一年四季可做的"赏心乐事"，其中十一、十二月中就有"绘幅楼前赏雪""南湖赏雪""瀛峦胜处赏雪"的宋代"旅行攻略"。而在古人留下的赏雪佳篇中，最著名的当属张岱的收录于《陶庵梦忆》中的《湖心亭看雪》。

清代以后，赏雪、玩雪之风更是盛行。清代宫廷画家郎世宁便

有《乾隆赏雪图》。煮雪烹茶是古代文人的极致雅事。古人认为，雪乃凝天地灵气之物，从天而降、至纯无瑕，是为煮茶的上品之水，以柴薪烧化雪水烹茶，可使茶香更清冽。唐代诗人白居易曾写《晚起》诗，描写煮雪烹茶的情趣，诗云：

> 烂熳朝眠后，频伸晚起时。暖炉生火早，寒镜裹头迟。
>
> 融雪煎香茗，调苏煮乳糜。慵馋还自哂，快活亦谁知。
>
> 酒性温无毒，琴声淡不悲。荣公三乐外，仍弄小男儿。

明人高濂在《扫雪烹茶玩画》一文里这样说："茶以雪烹，味更清冽，所为半天河水是也。不受尘垢，幽人啜此，足以破寒"，雪自天而降，没有污染，虽是至寒之物，但是能够破寒。《红楼梦》第四十一回中也描绘过妙玉的"煮雪烹茶"：

> 妙玉执壶，只向海内斟了约有一杯。宝玉细细吃了，果觉轻淳无比……黛玉因问："这也是旧年的雨水？"妙玉冷笑道："你这么个人，竟是大俗人，连水也尝不出来。这是五年前我在玄墓蟠香寺住着，收的梅花上的雪，统共得了那一鬼脸青的花瓮一瓮，总舍不得吃，埋在地下，今年夏天才开了。我只吃过一回，这是第二回了。你怎么尝不出来？隔年蠲的雨水哪有这样清淳，如何吃得。"

陈年雪煮来烹茶约是可行，但实际上口感却未必上佳。梁实秋在散文《雪》中曾记述过自己尝试煮雪烹茶之事，结果"我一点也不觉得两腋生风，反而觉得舌本闲强。我再检视那剩余的雪水，好像有用矾打的必要！空气污染，雪亦不能保持其清白"。可见，文人雅事也未见得非要实践才能凸显其传承意义。

民谚曰："小雪封地，大雪封河"，到了大雪节气，河里的水都冻住了，人们可以在岸上欣赏封河风光，也可以到已然封冻的河面上尽情地滑冰嬉戏。

冰嬉，也称冰戏，主要包括寒冬冰上的各种娱乐或是竞技活动，雏形当为古时冰天雪地里的交通方式，后来逐渐成为人们军事生活乃至休闲生活的主要活动，大约在元明时期初见规模，至清代则大盛。

图4-6　妙玉品茶图（清费丹旭《红楼梦十二金钗图》）

隋唐时期，北方的室韦人在积雪的地方狩猎时"骑木而行"。《北史》卷九十四，《列传》卷八十二中曰：

> 气候最寒，雪深没马。冬则入山居土穴，牛畜多冻死。饶獐鹿，射猎为务，食肉衣皮，凿冰没水中而网取鱼鳖。地多积雪，惧陷坑阱，骑木而行，倦即止。

《新唐书·回鹘列传》记载：人们"俗乘木马驰冰上，以板藉足，屈木支腋，蹴辄百步，势迅激"，这里的木马以及行进方式很像现代的滑雪杖了。后来，北方的女真人用兽骨绑在脚下滑冰，逐渐演化成将一根直铁条嵌在鞋底上，便是最早的冰刀。

　　明代，冰嬉成为宫廷体育娱乐活动。《酌中志》中记载："阳德门外……至冬冰冻，可拖床，以木板上加交床或藁荐，一人前引绳，可拉二三人，行冰如飞。"明代宫词中也有关于冰嬉的描述：

　　　　琉璃新结御河水，一片光明镜面菱。
　　　　西苑雪晴来往便，胡床稳坐快云腾。

　　清太祖努尔哈赤还专门组织了一支善于滑冰的部队，曾完成过"天降神兵"的经典战役。族人入关之后，将冰嬉带入关内，并逐渐由一种军事训练项目发展成为举国上下都十分喜欢的娱乐活动。《日下旧闻考·宫室·西苑一》："（太液池）冬月则陈冰嬉，习劳行赏，以简武事而修国俗云"，太液池就是现在北京的北海公园。按照清代的规定，每年冬天都要在这里检阅八旗溜冰，时称"春耕耤以劳农，冬冰嬉而阅伍"。

图4-7　冰床（清《京城市景风俗图》）

自乾隆皇帝将冰嬉正式定为"国俗"以后，嘉庆、道光、咸丰三朝，冰嬉更是成为万人同赏、共享升平的社会活动，《都门竹枝词》中曾描绘当时盛景：

金鳌玉𬯀画图开，猎猎风声卷地回。
冻合琉璃明似镜，万人围看跑冰来。

清代北京民间的冰嬉活动也很盛行，开展得最为广泛的应该是速度滑冰，清代满族诗人爱新觉罗·宝廷在《偶斋诗草·冰戏》中曾绘声绘色地描写过速度滑冰：

朔风卷地河水凝，新冰一片如砥平。
何人冒寒作冰嬉，炼铁贯韦当行縢。
铁若剑脊冰若镜，以履踏剑摩镜行。
其疾如矢矢逊疾，剑脊镜面刮有声。
左足未住右足进，指前踵后相送迎。
有时故意作欹侧，凌虚取势斜燕轻。
飘然而行陡然止，操纵自我随纵横。

那时不仅有速度滑冰，还有花样滑冰，每一种花样滑冰的姿势都有一个动听的名称，比如"金鸡独立""哪吒探海"等。清朝乾隆年间，张为邦和姚文瀚所作的《冰嬉图》即描绘了花样滑冰的表演，场面壮观。

当时民间也很盛行冰球运动，雍正、乾隆年间潘荣陛编撰的《帝京岁时纪胜》一书载：

金海冰上作蹴鞠之戏，每队数十人，各有统领，分位而立，以革为球，掷于空中，俟其将坠，群起而争之，以得者为胜。或此队之人将得，则彼队之人蹴之令远，欢腾驰逐，以便捷勇敢为能。

蹴鞠，即为蹴鞠，是将滑冰与蹴鞠相结合的竞技活动，也被称为"冰上蹴鞠"。参赛者一般分为两队，御前侍卫把一个球踢向两队中间，众人开始争抢，抢到球者再把球抛给自己的队友，抢球时可以手脚并用，既可以用手掷也可以用脚踢。清代康熙时江宁织造曹寅（《红楼梦》作者曹雪芹之祖父）曾有《冰上打球词》云：

> 青靴窄窄虎牙缠，豹脊双分小队圆。
> 整结一齐偷着眼，彩团飞下白云间。

与冰上蹴鞠名字类似而玩法完全不同的是冰蹴球，大概出自清乾隆年间一种叫作"踢盖火"的游戏。"盖火"，即是古代盖在炉口用来封住火焰的铁器，在娱乐设施并不发达的时代也曾被当作玩具使用，清代《百戏竹枝词》载：

> 蹴鞠场上浪荡争，一时捷足趁坚冰。
> 铁球多似皮球踢，何不金丸逐九陵。
>
> 蹴鞠，俗名踢球，置二铁丸，更相踏墩，以能互击为胜，无赖戏也。

冰蹴球的玩法大概与现在的冰壶运动相似，只不过是用脚踢而不是用手投掷。在一块长方形场地上，两端为双方队伍的发球区，中间圆圈是得分区，场地两边还画有蓝色的发球限制线，发球最远不能越过对面的限制线。比赛时，双方将球发向场地圆心，同时通过撞击和阻挡的方式，来达到让本方球占领圆心的目的。2017 年 5 月，冰蹴球被正式列为北京市西城区非物质文化遗产。

第四节　冬至一阳生

　　冬至是冬季的第四个节气，同时也是仲冬的第二个节气。冬至日，正是阳气开始萌生之时。《月令七十二候集解》记载："十一月中，终藏之气，至此而极也"，此日阴极而阳始至；《孝经》记载："大雪后十五日，斗指子，为冬至。十一月中，阴极而阳始至，日南至，渐长至也。"冬至这天，太阳几乎直射南回归线，此时北半球白昼最短，随后阳光直射位置逐渐向北移动，白昼慢慢变长，所以有俗语说："吃了冬至面，一天长一线。"因此，冬至有时也代表着一年之始。

　　冬至萌芽于殷商时期，是最早被确定的节气之一。有部分学者是通过分析卜辞的记日法得到殷商时代已经存在两至的结论；也有部分学者认为甲骨文中的皀、甲、中等字的本意都取自"立表测影"，表示殷商时期已经可以通过这种办法确定时刻和冬至与夏至两个节气。西周时期，《尚书·尧典》中记载了帝尧时代的四时观象授时的工作，并以"日中""日永""宵中""日短"分别代表春分、夏至、秋分、冬至，同时测定了一个回归年的长度。《左传·僖公五年》曰："五年春，王正月辛亥朔，日南至。公既视朔，遂登观台以望。而书，礼也。凡分、至、启、闭，必书云物，为备故也"，这里记载的是冬至（日南至）这天，鲁僖公太庙听政以后登上观台观测天象并加以记载，而《吕氏春秋》《逸周书·时训解》《周髀算经》《淮南子·天文训》等文献开始记录作为二十四节气之一的"冬至"。

太阳运行至黄经 270 度时，即为冬至，属于农历十一月中气。从公历 12 月 22 日前后开始，每五日为一候，冬至共有三候：

冬至初五日，初候蚯蚓结。传说蚯蚓是阴曲阳伸的动物，冬至时节，阳气虽已生长，但阴气仍然十分强盛，蚯蚓仍然蜷缩着身体，躲在土里过冬。

冬至又五日，二候麋鹿解。麋与鹿同科，但是古人认为鹿是山兽，所以为阳；麋是水泽之兽且角朝后生，所以为阴。冬至一阳生，麋感阴气渐退而解角。

冬至后五日，三候水泉动。冬至时候，阳气初生，山中的泉水感知后便开始流动，大自然仿佛有了丝丝生机，藏匿于山石之间，不显见，却有着自己的生命轨迹。

《逸周书·时训解》有曰："蚯蚓不结，君政不行。麋角不解，兵甲不藏。水泉不动，阴不承阳。"如果蚯蚓不盘结，国君政令行不通；如果麋鹿角不脱落，兵甲武器不能收藏；如果地下水泉不涌动，阴气没有阳气来承接。

冬至占丰歉

民谚有曰："冬至天气晴，来年百果生。"冬至虽然是肃杀的季节，却也是农耕生活的重要时间节点。冬至时节，光照最短，农事多以果蔬畜牧安全过冬为主。除此之外，由于天气的因素，冬至

前后最需要重点关注的是严寒气候有可能产生的危害。所以，民间自古就用各种各样的方式占卜气候、禳灾祈福。清代陈坤在《岭南杂事诗抄》中写道：

> 南北异趋风马牛，人情海外不相侔。
> 时因晴雨占丰歉，冬湿年干乃有秋。
>
> 琼俗，元旦喜晴，冬至喜雨，与各府相反。谚曰："冬湿年干，禾米满仓；冬干年湿，禾米少粒。"

作为节气，冬至本就起于天象与方位观测。《周礼·地官》曰："以土圭之法测土深，正日景（影），以求地中"，《周礼·春官》曰："土圭以致四时日月，封国则以土地。"土圭，是旧时一种测日影长短的工具，通过测量日影长短来确定季节的变化，前文所说的殷商时期即是使用这种方法来确定冬至和夏至。同时也求得不东、不西、不南、不北之地，也就是"地中"，是为天地、四时、风雨、阴阳的交会之处，也就是宇宙间阴阳冲和的中心，自然也就成为国都所在地的最佳位置。冬至观天象以预测未来已成为古时常态，其方法也是多种多样：

《太平御览》引《易通卦验》曰：

> 冬至之日，见云送迎从下向，来岁美，人民和，不疾疫；无云送迎，德薄，岁恶。故其云赤者旱，黑者水，白者为兵，黄者有土功，诸从日气送迎其征也。

这是冬至利用云彩占岁，意思是冬至日如果有云则一年和美，如果无云则一年危机，云是红色代表干旱、黑色代表水患、白色会有战争、黄色会有地质灾害。《史记》载："冬至，短极，悬土炭"，这是一个简单的测定湿度的办法：在冬至前三日，分别于天平木杆两端悬土和炭，让两边轻重刚好平衡。到了冬至日，阳气至，炭那边就会重；到了夏至日，阴气至，则土那边就会重。也就是说，如果空气干燥，炭中水分散发快，会变轻，放炭这端就会上升；如果空气湿度增加，正好相反，此即《淮南子·天文训》中所谓："燥故炭轻，湿故炭重。"

图4-8　土中建祀图（清孙家鼐等编《钦定书经图说》）

　　古时还有葭灰占律。葭灰，也叫葭莩之灰，葭是指初生的芦苇；葭莩则是指芦苇秆内壁的薄膜，葭灰便是烧苇膜成灰，可以占卜气候。《太玄经》曰：

　　　　冬至及夜半以后者，近玄之象也。进而未极，往而未至，虚而未满，故谓之近玄也……调律者，度竹为管，芦葭为灰，列之九闲之中，漠然无动，寂然无声，微风不起，纤尘不形，

冬至夜半，黄钟以应。

古人于冬至之日用葭莩之灰来占卜气候，依据的是古乐理论中的"十二律"。"十二律"即古乐的十二调，是古代的定音方法，各律从低到高依次为：黄钟、大吕、太簇、夹钟、姑洗、中吕、蕤宾、林钟、夷则、南吕、无射、应钟。

在冬至前三日将长短不一的十二律管摆好，放入葭灰，用十二个律管对应十二个中气。古时以二十四节气配阴历十二月，阴历每月二气，月初的叫节令，月中以后的叫中气。比如，立春为正月节令，雨水为正月中气。当某个律管中葭灰扬起，意味着对应的中气来到。按照古人的经验，冬至日葭灰当从黄钟律管中飞出。

冬至测候还有其他方法：观风，"冬至西北风，来年干一春""冬至有风冷半冬"；观阴晴，"冬至阴天，来年春旱""冬至晴，年必雨""冬至出日头，过年冻死牛"；观雪，"冬至无雪刮大风，来年六月雨水多""冬至有雪来年旱"；观霜，"冬至没打霜，夏至干长江""冬至打霜来年旱"；等等。

五味腹中收

冬至开始，正是阳气萌芽、回转的时候，也正是顺应自然、激发人体阳气上升的最佳时节。《黄帝内经》曰："阳气者，若天与日，失其所，则折寿而不彰"，阳气的虚衰将会导致我们的身体出现健康问题。

"气始于冬至"，从冬季开始生命活动由衰转盛、由静转动，此时顺时而动有助于保证旺盛的精力，达到延年益寿的目的。在天气寒冷、阳气伏藏的时节，人们的传统饮食上基本都以温热为主，常见糯米、狗肉、大枣、桂圆、芝麻、韭菜、木耳等食物。

关于冬至的吃食，民间有"冬至饺子夏至面"的说法，史籍却更常见"冬至馄饨夏至面"的记述。宋代以来，我国民间已有在冬至之日吃馄饨的饮食习俗。宋代陈元靓《岁时广记》记载："京师人家，冬至多食馄饨，故有冬至馄饨年馎饦之说。"清代富察敦崇《燕京岁时记》中记载的京师民谚："冬至馄饨夏至面"，清代潘荣陛编撰的《帝京岁时纪胜》中记载："预日为冬夜，祀祖羹饭之外，以细肉馅包角儿奉献。谚所谓'冬至馄饨夏至面'之遗意也"。清末民初徐珂编撰的《清稗类钞·饮食·馄饨》对这种冬至节令饮食描绘得更加详细：

> 馄饨，点心也，汉代已有之。以薄面为皮，有褶积，人呼之曰绉纱馄饨，取其形似也。中裹以馅，咸甜均有之。其熟之之法，则为蒸，为煮，为煎。

对于冬至之日吃馄饨的原因，民间大致有两种说法：第一种说法认为，馄饨像鸡卵，鸡卵如混沌未开之象，人们于冬至之日吃馄饨乃是纪念远古混沌未开时，盘古氏开天辟地创造世界之功。《燕京岁时记》称："夫馄饨之形有如鸡卵，颇似天地混沌之象，故于冬至日食之。"实际上，"馄饨"与"混沌"谐音，故民间将馄饨引申为打破混沌，开辟天地。后世不再解释其原义，只流传所谓"冬至馄饨夏至面"的谚语，把它当成一种节令食物而已。"馄饨"二字，本是傍三点水，但因做食物之名，又因祭祀祖先，也就由"混沌"改成食字为旁的"馄饨"了。第二种说法是，汉朝时北方匈奴经常骚扰边疆，百姓不得安宁。当时匈奴部落中有浑氏和屯氏两个首领，十分凶残。百姓对他们恨之入骨，于是用肉馅包成角

儿，取"浑"与"屯"之音，呼作"馄饨"。恨以食之，并求平息战乱，能过上太平日子。因最初制成馄饨是在冬至这一天，所以在冬至这天便有了家家户户吃馄饨的习俗。

图4-9 饺 子

冬至吃饺子，则是我国北方地区的传统习俗，俗语曰"冬至不端饺子碗，冻掉耳朵没人管"。有学者考证，其实明清史籍中并未发现"冬至饺子夏至面"的记载，所以认为"冬至吃饺子"是清末民初乃至民国时期才有的冬至习俗。民间传说，冬至吃饺子的习俗与医圣张仲景有关。据说张仲景在隆冬时节专门舍药为穷人治耳朵冻伤，他把羊肉、辣椒和去寒的药材放在锅里，熬到火候时再把羊肉和药材捞出来切碎，用面皮包成耳朵样子的"娇耳"下锅煮熟，连汤一起分给来治病的穷人，这药就叫"祛寒娇耳汤"。人们吃后，顿觉全身温暖，两耳发热。从冬至起，张仲景天天舍药，一直舍到大年三十。乡亲们的耳朵都被他治好了，欢欢喜喜地过了个好年。从此以后，每到冬至，人们也模仿着做娇耳的食物，为了跟药方区别，就改称饺耳，后来人们就叫饺子了。天长日久便形成了习俗，每到冬至这天，家家都吃饺子。

江浙一带冬至应节的食品更多的是汤圆，也把冬至所吃的汤圆称为"冬至团"或"冬至圆"，用糯米粉做成。据《清嘉录》载："有馅而大者为粉团，冬至夜祭先品也；无馅而小者为粉圆，冬至朝供神品也。"清代蔡云有一首《吴歈百绝》也提到了这种粉圆：

慌将干湿料残年，冬夜亦开分岁筵。

大小团圆两番供，殷雷初听磨声旋。

　　俗有"干净冬至邋遢年，邋遢冬至干净年"之说。冬至前夕，祭先竣事，长幼聚饮，略比分岁。有馅而大者为粉团，冬至夜祭先品也。无馅而小者为粉圆，冬至朝供神品也。

也就是说，冬至的汤圆一般会分为粉团和粉圆两种，有馅儿的、大一点儿的是粉团，多用于晚上；没馅儿的、小一点儿的是粉圆，多用于早上。而在闽南地区，这种"冬至团"又被称作"冬节丸"。冬至前夕，家家户户要"搓丸"。冬至早晨，先以甜丸汤敬奉祖先，然后全家再以甜丸汤为早餐。福建泉州

图4-10　冬至汤圆

人吃丸，称元宵丸为"头丸（圆）"，冬至丸为"尾丸（圆）"，这样头尾都圆，是意味着全家人整年从头到尾一切圆满，但是清嘉庆《惠安县志·风俗志》是这样解释的：

　　十一月，冬至，阳气始萌，食米丸，乃粘丸于门。凡阳尚圆，阴尚方，五月阳始生，黍先谷而熟，而为角黍，以象阴，角，方也。冬至阳始生，则为米丸，以象阳，丸、圆也；各以其类象之。夏至不以为节，抑阴也。

有的人家还于餐后留下几粒丸，粘于门窗、桌柜、牛舍、猪

圈、水井等处，祈求诸神保佑居家平安的意思，清代龚澄轩有一首《潮州四时竹枝词》写道：

冬　至

宰牲设醴祭祠堂，少长偕来共举觞。

覆井饲牛休作务，风吹祀耗糯丸香。

冬至，春糯丸粘门灶器物，曰祀耗。

　　江南水乡还有冬至之夜全家吃赤豆糯米饭的习俗，被称为"冬至粥"。民间传说，这个习俗来自共工之子，《初学记》卷四引《岁时记》云："共工氏有不才子，以冬至日死，为人厉，畏赤豆，故作粥以禳之。"意思是，共工的儿子作恶多端，死于冬至这一天，变成疫鬼，但是最怕赤豆，所以人们就在冬至这一天吃赤豆饭，用以驱避疫鬼。

　　安徽合肥的民间有冬至吃面的习俗，俗谚："吃了冬至面，一天长一线。"冬至过后，又到数九寒天，在冰天雪地的严冬季节，一碗热腾腾的鸡蛋挂面吃过之后，日照时间就会越来越长了。

　　冬至时节，粤地有吃鱼生的习俗。鱼生，古代称为"脍"或"鲙"，其实也就是生鱼片。清代倪鸿有一首《广州竹枝词》记述了当地人过冬至的情形：

雪花从不洒仙城，冬至阳回日日晴。

萝卜正佳篱菊放，晶盘五色进鱼生。

冬至日，以鱼脍杂萝卜、菊花、姜、桂啖之，曰食鱼生。

　　粤俗嗜食鱼生，冬至吃鱼生，源自人们对于阴阳转换的认识，即此时阴极而阳始至，所以明末清初屈大均在《广东新语》中说："凡有鳞之鱼，喜游水上，阳类也。冬至一阳生，生食之所以助阳也。"与此同理的还有冬至吃羊汤的习俗。羊肉味甘、性温，暖中祛寒，温补气血，所以冬天很适合吃羊肉。在山东滕州，冬至这天被称作伏九，家家都要喝羊肉汤，晚辈还要给长辈送诸如羊肉等的礼品。冬至补冬以丰盛为多，但是贫家不一定吃得起，比如清代吴存楷《江乡节物诗》中写道：

腌　菜

吴盐匀洒蜜加封，瓮底春回菜甲松。

碎剪冰条付残齿，贫家一样过肥冬。

杭俗腌菜，例以冬至开缸，先祀而后食，故亦居节物之一云。

　　小寒、大寒时节腌好的菜于此时开缸，即便贫瘠之家暂时吃不到肉类，也算是添了些滋味。

先知应候风

　　飘萧北风起，皓雪纷满庭。节气逢冬至，也正是人们日常生活里最为闲适与自在的时刻，三五成群、把酒言欢，更乃赏心乐事。节气逢冬至，更是人们在惴惴不安与扬扬得意的矛盾之中祈盼未来的重要节点，画梅也好，描红也罢，下一个充满希望的春天就在人们的一笔一画里慢慢到来。

　　寒冬时节赏花自然是乐事。一般来说，旧时一年四季的花期一般从寒冬蜡梅开始，但是随着农业技术的进步，花农往往可以利用窖藏技术使花提前开放，即在温室培植鲜花。宋人所著的《齐东野

语》中说：

> 凡花之早放者，名曰堂（或作塘）花，其法以纸饰密室，凿地作坎，缠竹置花其上，粪土以牛溲硫磺，尽培溉之法。然后置沸汤于坎中，少候，汤气熏蒸，则扇之以微风，盎然盛春融淑之气，经宿则花放矣。

"堂花"又名"唐花"，出自"煻（用火烘）花"，也就是植于密室里用加温的方法使其早开的鲜花。宋朝时，杭州马塍出售的唐花最为著名。明代张萱《疑耀》中对于京师以地窖养花习俗有着较为具体的记述：

> 今京师风俗，入冬以地窖养花，其法自汉已有之。汉室大官园冬种葱韭菜茹，覆以屋房，昼夜□煴火得温气，诸菜皆生。召信臣为少府，谓此皆不时之物，有伤于人，不宜以奉供养，奏罢之。但此法以养菜蔬，未尝养花木也。今内家十月即进牡丹，亦是此法，计其所费工耗每一枝至数十金，然在汉止言覆以屋房而已，今法皆掘坑堑以窖之。盖入冬土中气暖，其所养花木，借土气火气俱半也。

北方天寒，农人所培植的唐花一般供新春之用，如《燕京岁时记》中记载：

> 谓熏治之花为唐花。每至新年，互相馈赠。牡丹呈艳，金橘垂黄，满座芬芳，温香扑鼻，三春艳冶，尽在一堂，故又谓

之堂花也。

天寒地冻之际，能欣赏到春花绽放之景，自然是寒冬乐事之一。只不过，农人们还在心心念念地数着春耕的日子。"数九"是我国北方特别是黄河中下游地区更为适用的一种节气计算方法，从冬至这天开始算起，进入"数九"（也称"交九"），以后每九天为一个单位，过了九个"九"，刚好八十一天，即为"出九"，此时正好春暖花开。从目前我国各地流传的数九歌来看，这个习俗基本是由黄河流域农人们数着严冬腊月的日子过生活，慢慢等待来年开春进行耕作而盛行的：一九二九不出手，三九四九冰上走，五九六九沿河看柳，七九河开，八九燕来。九九加一九，耕牛遍地走。当然也有通过"数九"预测未来天气的记载，清代林溥在《西山渔唱》中写道：

> 冬至消寒九九时，丰年预卜可全知。
> 那能九九全飞雪，四五须教莫误期。
>
> 俗重农事，以冬至数九，应来年雨水。头九应十月，二九应九月，三九应八月，四九应七月，五九应六月，六九应五月，七九应四月，八九应三月，九九应二月，历历有验。雨水以六七月为吃紧，故四、五九望雪尤殷也。

冬至开始数九，数九歌诀流传于民众之口，描述的是冬日里的实际感受及农耕生活，而消寒图则是以图画或文字的形式标示着由冬向春的转换过程，主要为闺阁女子、文人雅士所习用。染梅与填字是描画消寒图的两种流行方式。

染梅是对一枝有八十一片花瓣的素梅的逐次涂染，每天染一

瓣，染完所有花瓣便出九。这种梅花消寒图最早见于元代，杨允孚《滦京杂咏》有诗曰：

> 试数窗间九九图，余寒消尽暖回初。
> 梅花点徧无余白，看到今朝是杏株。
>
> 冬至后，贴梅花一枝于窗间，佳人晓妆，日以胭脂涂一圈。八十一圈既足，变成杏花，即暖回矣。

图4-11　北京冬至染梅

这种图画版的九九消寒图又被称作"雅图"，刘侗、于奕正在《帝京景物略·春场》中也写道："日冬至，画素梅一枝，为瓣八十有一，日染一瓣，瓣尽而九九出，则春深矣，曰九九消寒图。"还有与染梅类似的另一种方式是涂圈：将宣纸等分为九格，每格墨印九个圆圈，从冬至日起每天填充一个圆圈，每天涂一圈，填充的方法根据天气决定，填充规则通常为：上涂阴下涂晴，左风右雨雪当中，即阴天涂圈上半部，晴天涂下半部，刮风涂左半部，下雨涂右半部，下雪就涂在中间。

　　填字则是对九笔画且笔画中空的九个字进行涂描，这九个字多组成诗句，从冬至日起，每天依笔顺描画一笔，九天成一字，九九则诗句成，数九也完毕。

　　在阳气上升的时节，人们涂染凌霜傲寒的梅花或是描摹召唤春意的垂柳，都表达着对于来年春天的盼望之情。但是，画九、写九实为高雅的娱乐方式，大抵和灯谜、酒令、对联等有着异曲同工之妙，后来便自然而然地成为文人墨客、闺阁女眷的冬日消遣之举。

入冬后天寒地冻、万里冰封，此时闲暇的时光颇多，旧时从冬至开始，贵族豪富、文人雅士们每逢"九"日一聚，或围炉宴饮，或鉴赏古玩，或分韵赋诗，谓之"消寒会"。据考证，"消寒会"约始于唐末，也称"暖冬会"，据五代《开元天宝遗事·扫雪迎宾》所记：唐时长安有名豪富，每当雪天寒冷之时，便会叫仆人在自家的街道口的雪地上扫出一条小路，自己站在路口前，拱手行礼迎接宾客，为客人准备菜肴宴饮寻乐，称为"暖寒之会"。

清代，消寒会成为冬至之后文人雅士的重要活动，内容十分丰富。据《燕京杂记》载："冬月，士大夫约同人围炉饮酒，迭为宾主，谓之'消寒'。好事者联以九人，定以九日，取九九消寒之义"，更有甚者，以九盘九碗为餐，饮酒时亦必以"九"或与"九"相关之事物为酒令。

冬日赏花、吃肉、饮酒、作乐，算是闭塞的时间里人们几近疯狂的举动了，其中蕴含的多是对于过去的追忆和对于未来的向往，更多地表明了人们在节气转换时段里的忐忑。直到今时，北京地区的某些人士仍保留着消寒的遗风。

冬至献福祉

"节逢清景空，气占二仪中。"节气逢冬至，正是人们传统观念里的阴阳交割之时，无论是对自己还是对家人和朋友都会有一些祝福，祈求可以顺利度过生命的转折之时。

冬至祭孔与拜师是我国自古以来尊师重教传统的集中表现。明嘉靖年间的《南宫县志》记载："冬至节，释菜先师，如八月二十

七日礼。奠献毕，弟子拜先生，窗友交拜。""释菜"亦作"释
采"，是古代入学时祭祀先圣先师的一种仪式。《礼记·月令》曰：
"上丁，命乐正习舞，释菜"，郑玄注："将舞，必释菜于先师以礼
之。"关于释菜礼，民间有一个有趣的传说：相传春秋时，孔子周游
列国时被困于陈蔡之间，只能靠煮灰菜为食。尽管如此，弟子颜渊仍
坚持每天从野外采摘野菜，回来在老师门口行礼致敬，以表示自己从
师学艺的决心。颜渊的举动得到了后人的崇敬，人们在祭祀孔子的时
候也对他行祭奠礼，既是对颜渊尊师的赞颂，也是对刚入学的学生进
行一次尊师教育。

清代康熙年间的《定兴县志》记载："冬至，释菜先师孔子，
师率弟子行礼，弟子拜师，朋友互拜，谓之'拜冬'。教授于家者，
以此日宴饮弟子，答其终岁之仪，多食馄饨。"民国时期的《武安
县志》也有祭孔拜师的记载："冬至节，释菜先师，学校儿童醵金
祭礼，午聚餐校内"，同为民国时期的《新河县志》记载："长至
日拜圣寿，外乡塾弟子各拜业师，谓'拜冬余'。""圣"指圣人孔
子，"拜圣寿"就是给孔圣人拜寿。因为"冬至大过年"，所以有
的地方人们认为过了冬至日就长一岁，为之"增寿"，所以需要拜
贺，举行祭孔仪式，有的地方甚至学生家长也与子弟一起参加拜师
和宴会活动。祭拜孔子时，有的地方要挂孔子像，下边写："大成
至圣先师孔子像"，有的地方设木主牌位，木牌上写："大成至圣
文宣王之位"。而据民国时期的《清河县志》记载，在冬至祭孔时
还要"拜烧字纸"，或是认为爱惜字纸是对圣人尊重的表现，所以
把带字的废纸收集起来，在祭孔时一齐烧掉。至于选择在冬至日祭
拜先圣的原因，民间也有自己的解释，明代的《枣强县志》中记
载："冬至士大夫拜礼于官释，弟子行拜与师长。盖去迎阳报本之

意。"如今，在民间仍有冬至节请教师吃饭的习俗。

冬至时节，民间还有向长辈赠送鞋袜的习俗，人们多认为肇始于曹植的《冬至献袜履表》，即三国时期曹植在冬至日向他的"父王"曹操献鞋袜时所上的表系。其文曰：

> 伏见旧仪：国家冬至献履贡袜，所以迎福践长，先臣或为之颂。臣既玩其嘉藻，愿述朝庆。千载昌期，一阳嘉节。四方交泰，万汇昭苏。亚岁迎祥，履长纳庆。不胜感节，情系帷幄。拜表奉贺，并献纹履七量，袜若干副。茅茨之陋，不足以入金门、登玉台也。上表以闻，谨献。

由此可知，曹植认为冬至献袜履乃前承古事，顺应天时兼之表达为儿为臣的孝心和忠心，盼望父亲穿上自己所献鞋袜，行走平稳。其实，据文献记载，冬至给长辈送鞋袜的习俗至少在汉代便已流行起来，《中华古今注》曰："汉有绣鸳鸯履，昭帝令冬至日上舅姑（即公公婆婆）。"自此以后，冬至向老人"献袜履"在历代都是普遍流行的，很多古籍都有记载。北魏崔浩在《司仪》中曾解释：近古妇女常以冬至日进履袜给公婆；北朝人不穿履，当进靴。无论靴履，都在于其"践长"的象征意义。靴上的文辞有"履端践长，阳从下迁，利见大人，向兹永年"等，正体现着其"祈永年，除凶殃"的内心愿望。浙江《临安岁时记》记载："冬至俗名'亚岁'，……妇女献鞋袜于尊长，盖古人履长之义也"，明代张居正《贺冬至表五》："对时陈献履之衷，叩阙致呼嵩之祝。"如今，山东曲阜的妇女还会在冬至日前做好布鞋，冬至日赠送舅姑。

冬至之后，虽然日照逐渐增多，但却仍旧寒冷，在一阳新生、白昼渐长的时节，后辈应时给老人奉上新鞋、新袜，显见的作用是帮助老人度过严寒，更重要的是通过这样的献履仪式，希望长辈们能够在新岁之始，以新的步履顺时而进、健康长寿。

古时，冬至月曾在较长时期内作为岁末之月或岁首之月，后被称为"亚岁"。"亚岁"之说至迟起于唐代，有《冬至日陪裴端公使君清水堂集》中的诗句为证："亚岁崇佳宴，华轩照绿波"。而正因为冬至有"亚岁"之说，所以平常人家就以冬至前之夜为"冬除"，清代蔡云《吴歈百绝》中说：

> 有几人家挂喜神，匆匆拜节趁清晨。
> 冬肥年瘦生分别，尚袭姬家建子春。
>
> 冬朝亦挂先世遗像，如岁朝故事，今几废。冬至名亚岁。旧有肥冬瘦年之说，

清代江南地区依然极重冬至前一日，称为"除夜"，而之前所说的冬至这一天吃冬至团，吃了就长一岁，谓之"添岁"。因此，贺冬犹如贺年。

冬至前夕，亲友之间相互祝贺或是馈送节令食品，称为"贺冬"。唐人杜牧《冬至日寄小侄阿宜诗》："去岁冬至日，拜我立我旁。祝尔愿尔贵，仍且寿命长"，描写的正是其在冬至日接受小侄拜贺的情形。冬至祝拜的习俗在宋代江南地区更为热闹，《豹隐纪谈》记载："吴门风俗多重至节，谓曰'肥冬瘦年'，互送节物"，也有诗曰："至节家家讲物仪，迎来送去费心机。脚钱尽处浑闲事，原物多时却再归。"送来送去，最后收到的却是自己先前送给

别人的礼物。清朝吴地还传袭着这一习俗，如《清嘉录》记载："郡人最重冬至节，先日，亲朋各以食物相馈遗，提筐担盒，充斥道路"，这种筐或是盒，民间称之为"冬至盘"。

殷勤报岁功

古时，人们对于冬至常常怀着畏惧之心，《周易》曰："先王以至日闭关，商旅不行，后不省方。"《后汉书》记载："冬至前后，君子安身静体，百官绝事，不听政，择吉辰而后省事。"直到唐代，冬季还是一个值得放长假的岁时节日，《唐六典》曰："内外官吏则有假宁之节，谓元正、冬至各给假七日"，也就是说，此时冬至的节假时间与春节一样，都是七天长假。明代，太祖朱元璋在位时，百废待举、政务繁忙，便规定一年的假日只有春节、万寿节（皇帝的生日）和冬至。此外，归顺明朝的朝鲜也定期派使臣来纪念过冬至节（被称为冬至使），一直沿袭至清代。由此看来，从上自下，冬至不仅仅是一个节气这么简单，也就难怪民间会有"冬至大如年"的说法了。从古代民间信仰来看，冬至时分，农事终结，万物俱寂，生机塞然，阴阳交割，春日待启，大自然的一切都处于由死转生的微妙节点之上，人类应小心谨慎地度过。

传统社会在冬至这天有祭天习俗。《周礼·春官》记有"以冬日至，致天神人鬼"的祭祀仪式，表达对于旧岁的纪念、对于新岁的祈盼。《周礼·大司乐》："冬日至，于地上之圜丘奏之"，《易经》说卦曰："乾为天，为圜"，可知周代祭天的正祭是每年冬至之日在国都南郊圜丘举行。圜，即圆，古人认为天圆地方，圆形正是天的形象，而圜丘就是一座圆形的祭坛。圜丘祀天，方丘祭地，两者都在郊外，所以称为"郊祀"。《宋史·志》云："冬至圜丘祭

昊天上帝"，祭祀"昊天上帝"被视为重要岁时仪式之一，祭天的时间自唐代开始便规定在冬至这一天。关于祭祀流程，据《东京梦华录》记载：

冬至前一天，礼部尚书亲自奏请祭祀，祭祀队伍以银甲铁马的骑兵为前导，后随七头披着华美锦缎的大象，象背安置鎏金的莲花宝座，象头装饰着金丝、金錾。跟随在象队后面的是仪仗队，身着五彩甲胄，分别持高旗、大扇、画戟、长矛。其后又有众多勇士背斧扛盾、带剑持棒，身着各色服饰，护卫圣

图4-12 郊祀纪胜（申报馆编印《点石斋画报》）

驾及公卿百官。至夜三更，皇帝换上青衮龙服，头戴缀有二十四旒的平天宝冠，足踏朱鞋，由两位内侍扶至祭坛之前。坛高三层，共七十二级台阶，坛顶方圆三丈，坐北朝南设"昊天上帝"黄褥，一侧设"太祖皇帝"黄褥，将祭天与祭祖并置。坛下道士云集，礼乐歌舞络绎不绝，坛外百姓数十万众顶礼膜拜，山呼万岁。

此后宋至明初有一段时间合祀天地，直到明嘉靖九年（1530）的更定祀典又重新分祀，并沿袭至清末。

作为古代郊祀最主要的形式之一，冬至祭天的礼仪极其隆重与繁复。一般过程如下：

祭天时辰为日出前七刻。时辰一到，斋宫鸣太和钟，皇帝起驾至圜丘坛，钟声止，鼓乐声起，大典正式开始。

祭祀仪式过程：

1. 迎帝神：皇帝从昭享门（南门）外东南侧具服台更换祭服后，便从左门进入圜丘坛，至中层平台拜位。此时燔柴炉，迎帝神，乐奏"始平之章"。皇帝至上层皇天上帝神牌主位前跪拜，上香，然后到列祖列宗配位前上香，叩拜。回拜位，对诸神行三跪九拜礼。

2. 奠玉帛：皇帝到主位、配位前奠玉帛，乐奏"景平之章"，回拜位。

3. 进俎：皇帝到主位、配位前进俎，乐奏"咸平之章"，回拜位。

4. 行初献礼：皇帝到主位前跪献爵，回拜位，乐奏"奉平之章"，舞"干戚之舞"。然后司祝跪读祝文，乐暂止。读毕乐起，皇帝行三跪九拜礼，并到配位前献爵。

5. 行亚献礼：皇帝为诸神位献爵，奏"嘉平之章"，舞"羽龠 (yuè) 之舞"。回拜位。

6. 行终献礼：皇帝为诸神位依次献爵，奏"永平之章"，舞"羽龠之舞"。光禄寺卿奉福胙，进至上帝位前拱举。皇帝至饮福受 胙拜位，跪受福、受胙、三拜、回拜位，行三跪九拜礼。

7. 撤馔：奏"熙平之章"。

8. 送帝神：皇帝行三跪九拜礼，奏"清平之章"。祭品送燎炉 焚烧，皇帝至望燎位，奏"太平之章"。

9. 望燎：皇帝观看焚烧祭品，奏"佑平之章"，起驾返宫，大 典结束。

清光绪三十四年（1908）冬至，中国历史上严格意义的最后一 次祀天之礼举行，祭天之后不久，清德宗载湉"崩逝"。1914 年冬 至，袁世凯也曾在北京天坛举行过所谓的祀天典礼。

礼莫重于祭，祭莫大于天。冬至祭天表达了为天下苍生祈求风 调雨顺的愿望，也体现了对天和自然的尊崇敬畏之情。

皇室祭天，民众祭祖，冬至也是感怀祖德、祭祀祖先的日子。 关于冬至祭祖的记载在汉代就已经有了，《四民月令》中记载： "冬至之日，荐黍羔。先荐玄冥于井，以及祖祢"，这就是说汉人在 冬至以羔祭水神玄冥及祖先。但是，汉代的祭祖方式多是墓祀，所 以祭祀时间并不固定。魏晋时期，随着墓祀的衰微，祭祀时间趋于 固定，基本取四时祭祀，并沿袭成风：

> 祭寝者，春、秋以分，冬、夏以至日。若祭春分，则废元 日。然元正，岁之始；冬至，阳之复，二节最重。祭不欲数， 乃废春分，通为四。

《新唐书·礼乐春分、夏至、秋分、冬至志三》里的这段记载很清楚地说明，元日、夏至、仲秋、冬至为祭祖日，也就是祭祀四次。魏晋至隋唐，冬至祭祖已经成为民间节令习俗。宋代，冬至祭祖更是流行，《东京梦华录》载曰：

> 十一月冬至，京师最重此节。虽至贫者，一年之间，积累假借，至此日，更易新衣，备办饮食，享祀先祖，官放关扑，庆贺往来，一如年节。

清代，旗人会于冬至日五更时分，用矮桌供上"天地码儿"或牌位以及"祖宗杆子"，杀猪祭祀。后来，冬至祭祖习俗一直留存下来。比如，我国台湾地区现在还保存着冬至祭祖的传统，先用糯米粉捏成鸡、鸭、龟、猪、牛、羊等象征吉祥中意福禄寿的动物，然后用蒸笼分层蒸成九层糕用以祭祖，并于冬至或前后约定时间，集中到祖祠中按照长幼之序祭拜祖先，俗称"祭祖"。祭祀仪式完成之后还会大摆宴席，招待前来祭祖的宗亲们，称为"食祖"。

民间也称冬至祭祖为"祭冬"，至今仍流行于浙江台州三门县的冬至祭祖仪式——"三门祭冬"已成为最为兴盛也是传承极为悠久的冬至习俗。

根据《三门县志》记载，三门祭冬距今已有七百多年的历史。明清时期，冬至祭祖在三门广大城乡盛行，清光绪《宁海县志·风俗》记载："节朝悬祖考遗像于中堂，设拜奠"，表明此地对祭祖的重视。三门祭冬一年之中一般有两次，清明一般在野外祭祖，而冬至则在室内祭祖，因而有"关冬至门"之说，即祭祖必须在冬至

前进行。

三门民间风俗中，冬至这个节日是颇为重要的。据光绪《宁海县志·风俗》卷二十三记载："冬至，屑糯米粉作汤团，以赤小豆作馅，礼神及祖考。丐者装鬼判状，仗剑击门，口喃喃作咒，谓之'跨灶王'，即古傩礼。"冬至日家家户户要吃糯米圆，三门人称"冬至圆"，咸甜皆有，老少咸宜，先祀灶神与祖先，然后全家团团圆圆聚餐，名称叫"吃冬至圆"，象征一家团圆。因有冬至加一岁之说，就有了几岁得吃几颗圆的习俗。

冬至祭祀列祖列宗的风俗在三门县历代相传，《石岩李氏宗谱》载："冬至大节，务遵文公《家礼》。当祭始祖，以取一阳始生之义。"冬至作为节候，是阴阳转换的重要时间节点，因此也具有辞旧迎新、继往开来的意义。拜祭祖先、洒扫坟墓，以示敬天念祖之深情厚谊，祈求列祖列宗荫佑家门，祭祖所表达的意义正在于此。除此之外，冬至祭祀也是团结宗亲的一种手段和一个契机，《台临叶氏宗谱》记载："朱文公云：祖宗虽远祭祀，不可不诚，每岁二祭。春行于墓，冬行于庙，子孙齐集，陈列品物，并宣祖训家箴，各自务默倾听，不得怠傲，庶几上格祖考，而葭福祉之锡，孝孙有庆亦多矣。"

三门祭冬原为"杨家祭冬"，即杨氏冬至祭祖的习俗。杨氏鼻祖叔虞系周武王三子，世袭传承后传至元末迁到三门隐居。明初建立宗祠（家庙）后，即把冬至祭祖作为头等大事，逐渐形成一套礼仪完善、隆重庄严、规模宏大的传授忠孝道德的祭冬仪式，历代沿袭不废。2010 年，"杨家祭冬"入选第三批浙江省非物质文化遗产名录。为了有效地保护二十四节气风俗，做好第四批国家级非物质文化遗产代表性项目申报及保证项目名称的科学性和完整性，根据国家第四批非物质文化遗产有关申报精神要求，三门县根据专家建议将"杨家祭冬"更名为"三门祭冬"。

2014年，"三门祭冬"被正式列入国家非物质文化遗产项目。2016年，包含"三门祭冬"等在内的"二十四节气"被正式列入联合国人类非物质文化遗产代表名录。

第五节　小寒三九冷

　　小寒是冬季的第五个节气，同时也是季冬的第一个节气。小寒的到来，标志着一年中最寒冷的日子即将到来。《月令七十二候集解》中记载："十二月节，月初寒尚小，故云。月半则大矣"，意思是天气已经很冷，但是尚未冷到极点，因此称为"小寒"。"小寒"一过，就进入"三九四九冰上走"的"三九天"了。正为季冬，寒近极致，也意味着这一年又快要走到终点。

　　太阳运行至黄经 285 度时，即为小寒，属于农历十二月节令。从公历 1 月 5 日前后开始，每五日为一候，小寒共有三候：

　　小寒初五日，初候雁北乡。《大戴礼记·夏小正》曰："乡其

图4-13　小寒时节

居也，雁以北方为居。"乡，向导之义。"二阳之候，雁将避热而回，今则乡北飞之，至立春后皆归矣，禽鸟得气之先故也。"古人认为候鸟中大雁是顺阴阳而迁移，此时阳气已动，所以大雁开始向北迁移。

小寒又五日，二候鹊始巢。《礼记·月令》曰："季冬之月，鹊始巢"，《易通卦验》曰："鹊者，阳鸟。先物而动，先事而应，见于木风之象。"喜鹊也，鹊巢之门每向太岁，冬至天元之始，至后二阳已得来年之节气，鹊遂可为巢，知所向也。喜鹊在这个节气也感觉到阳气而开始筑巢。

小寒后五日，三候雉始雊。《礼记·月令》曰："季冬之月，雉始雊。"郑玄注云："雊，雄雉鸣。"雉，文明之禽，阳鸟也；"雊"为鸣叫的意思，雉在接近四九时会感阳气的生长而鸣叫。即野鸡也感到阳气的滋长而鸣叫。

《逸周书·时训解》曰："雁不北向，民不怀主。鹊不始巢，国不宁。雉不始雊，国大水。"如果大雁不向北飞，百姓不会心向君王；如果喜鹊不开始筑巢，国家将不会安宁；如果野鸡不开始啼叫，国内会发大水。

日映小寒天

小寒时节，阴冷干燥，是一年中最寒冷的时期。北方大部分地区都在歇冬，主要任务依然是做好菜窖、畜舍保暖等工作。民间多在牛棚、马厩烧火取暖，有的要单独铺上草垫，挂起草帘挡风。也有人家会在牲畜饮水中加入少许盐，以补充其体内流失的盐分，增强其免疫力。南方地区则要注意给小麦、油菜等作物追施冬肥，海南和华南大部分地区主要是做好防寒防冻、积肥造肥和兴修水利等工作。而对小寒时节的高山茶园，要以稻草或塑料薄膜覆盖棚面，

以防止风吹引起枯梢病和沙暴对叶片的直接危害。

小寒的节气谚语也多与来年的天气变化和农事活动有关。比如，"小寒暖，立春雪"，小寒天气晴暖，则预示来年立春前后有雪，雨水增多；"小寒寒，惊蛰暖"，小寒天气寒冷，来年春天就暖和；"小寒蒙蒙雨，雨水还冻秧"，小寒节气阴雨天，来年会冷；"小寒无雨，小暑必旱"，小寒无雨，夏季则旱；"腊月三白，适宜麦菜"，小寒前后下雪，适宜小麦、油菜等春作物来年生长。

花草树木、飞禽走兽，都按照一定的季节时令活动，比如植物的萌芽、开花、结果和落叶，动物的蛰眠、苏醒、繁育和迁徙，这便是自然物候，也就是节气中五日、五日、又五日的轮转。

花信风，顺应花期而来即为花信。二十四番花信风，即是应花期而至的风，是自然物候里很重要的一个方面。每年冬去春来，从小寒到谷雨的八个节气里共有二十四候，每一候都有一种花卉绽蕾开放，于是便有了"二十四番花信风"之说。北宋后期以来，关于"二十四番花信风"相对明确的说法开始出现并流行起来。

今所见完整的"二十四番花信风"名目始见于明初王逵《蠡海集》，后世有关"二十四番花信风"的整套说法都出于此：

二十四番花信风者，盖自冬至后三候为小寒，十二月之节气，月建于丑。地之气辟于丑，天之气会于子，日月之运同在玄枵，而临黄钟之位。黄钟为万物之祖，是故十一月天气运于丑，地气临于子，阳律而施于上，古之人所以为造历之端。十二月天气运于子，地气临于丑，阴吕而应于下，古之人所以为候气之端，是以有二十四番花信风之语也。五行始于木，四时始于春，木之发荣于春，必于水土，水土之交在于丑，随地辟而肇见焉，昭矣。析而言之，一月二气六候，自小寒至谷雨，凡四月八气二十四候。每候五日，以一花之风信应之，世所异言，曰始于梅花，终于楝花也。

"二十四番花信风"详目表

节　气	花　信	
小　寒	一候	梅花
	二候	山茶
	三候	水仙
大　寒	一候	瑞香
	二候	兰花
	三候	山矾
立　春	一候	迎春
	二候	樱桃
	三候	望春
雨　水	一候	菜花
	二候	杏花
	三候	李花
惊　蛰	一候	桃花
	二候	棠棣
	三候	蔷薇
春　分	一候	海棠
	二候	梨花
	三候	木兰
清　明	一候	桐花
	二候	麦花
	三候	柳花
谷　雨	一候	牡丹
	二候	荼蘼
	三候	楝花

凿冰作生涯

小寒时节开始结冰，古代这个时候人们也开始凿冰、藏冰，留待酷暑之用，因为这时的冰块最坚硬，不易融化。据《周礼》记载，周王室为保证夏天有冰块使用，专门成立了相应的机构——冰政，负责人被称为"凌人"，《诗经》曰："二之日凿冰冲冲，三之日纳与凌阴"，这里所写就是在最冷的季节里人们凿冰的过程。最初的时候，凿冰与藏冰耗费巨大，一般要经过开采、运输、保存等几个阶段，非一般人家能及。所以除少数极富之家，藏冰多为皇家或官府经营。唐代藏冰还有盛大庄重的祭祀仪式，多是祭司寒于太庙。

而皇家的藏冰，除了自用外，也会在三伏天的时候赐给大臣，算是官府礼节中极高的待遇，史称"赐冰"。很多文臣对此深感荣耀，留下了歌咏诗作，如韦应物《夏冰歌》云：

> 九天含露未销铄，闾阖初开赐贵人。碎如坠琼方截璐，
> 粉壁生寒象筵布。玉壶纨扇亦玲珑，座有丽人色俱素。
> 咫尺炎凉变四时，出门焦灼君讵知。肥羊甘醴心闷闷，
> 饮此莹然何所思。当念阑干凿者苦，腊月深井汗如雨。

南宋时，暑月朝会，皇帝都要赐冰以示恩惠。元代也有赐冰之事，元代诗人萨都剌的《上京杂咏》诗云："上京六月凉如水，酒渴天厨更赐冰。"清代，朝廷会印发冰票给各官署，由工部负责，按数领取。北京市西城区东北部现有冰窖口胡同，便是因为其地原有清代内宫监冰窖而得名。

宋明之际，私人经营性质的藏冰开始出现。《梦粱录》记载，

茶嗣于"暑天添卖雪泡梅花酒"；《西湖老人繁胜录》记载，"富家散暑药冰水"，这些文字记载都可以证明宋代已有私人藏冰并用于经销冷饮。南宋诗人杨万里《荔枝歌》云："北人冰雪作生涯，冰雪一窖活一家"，从诗中可以推测，当时藏冰并于酷暑时售卖的收入相当丰厚。到了清代，商业藏冰有了更大的发展，甚至出现了专门经营的"冰户"。据记载，清乾隆年间，天津冰窖业极为发达，因为天津地处九河下哨，海河、南运河、北运河等都从城内穿过，是冰窖业发展的优势所在。兴盛起来的冰窖业使得北京城里的贮冰量大增，时至夏季，沿街叫卖冰块、冷饮者比比皆是，冰价也为之大跌。《燕京岁时记》载："京师暑伏以后，则寒贱之子担冰吆卖，曰冰胡儿。"《忆京都词》诗云："冰果登筵凉沁齿，三钱买得水晶山。"《草珠一串》诗亦云："儿童门外喊冰核，莲子桃仁酒正沽。"这些记载都说明由于冰窖的经营，清代时北京城里夏季的用冰已大为普及，成为平民百姓酷暑生活里不可缺少的部分。

第六节　大寒梅花香

　　大寒是冬季的最后一个节气，同时也是季冬的第二个节气。大寒是一年中极为寒冷的一段时间。《授时通考·天时》引《三礼义宗》载："大寒为中者，上形于小寒，故谓之大。十一月阳爻初起，至此始彻，阴气出地方尽，寒气并在上，寒气之逆极，故谓大寒。"大风、低温、积雪，一派天寒地冻的萧条景象，松梅傲雪成为最美的自然景观。

　　太阳运行至黄经 300 度时，即为大寒，属于农历十二月中气。从公历 1 月 20 日前后开始，每五日为一候，大寒共有三候：

图4-14　大寒时节

大寒初五日，初候鸡始乳。在大自然中，小鸡的孵化由母鸡完成，每年孵化一次，一般就在大寒时开始。

大寒又五日，二候征鸟厉疾。征鸟是具有高空飞行能力的猛禽；厉疾是迅猛的样子。大寒时草木干枯，在田野中生活的小动物很容易被高空飞行的猛禽发现并捕食。所以，大寒时节经常可以看到猛禽像箭一样迅猛地扑向地面的猎物。

大寒后五日，三候水泽腹坚。大寒时，江河湖泊的水面结冰已经达到了全年最厚的程度，在太阳映照下会闪闪地放出温煦的光芒。

《逸周书·时训解》有曰："鸡不始乳，淫女乱男。鸷鸟不厉，国不除兵。水泽不腹坚，言乃不从。"如果母鸡不开始产蛋，淫妇会迷乱男人；如果猛禽不凶猛，国家不能剪除奸邪；如果水中不结坚冰，国君的政令无人听从。

一腊见三白

大寒期间，万物肃然，很少再有繁茂的作物需要打理，因此各地的农活一般很少。日出而作、日落而息的田间耕作虽然减少，农人们却依然奔忙于各种来年的农事准备工作，以求开春有个好的开始。北方农人忙于积肥，为开春的农耕做些准备，南方农人则是以加强小麦及其他作物的田间管理为主。而对于果木或是畜牧农事，一般还是以防寒防冻为主，做好保暖工作，随时注意预防雪灾。

《吕氏春秋·慎人》记载："大寒既至，霜雪既降，吾是以知松柏之茂也。"大寒期间如有大雪降落，对冬小麦十分有利，盖在麦苗上的大雪可以保持地温，有效地避免了麦苗被冻伤，于是农谚中有"腊月大雪半尺厚，麦子还嫌被不够"的说法。所以，大寒应该多下几场雪："大寒见三白，农人衣食足。""三白"指多下几场大雪，因为严寒会冻杀很多害虫的幼虫与虫卵，与此同时积雪将会

在来年融化成水，使得农作物丰收，农民丰衣足食。大寒忌晴、宜雪的说法至少在宋时就有了，宋代欧阳修《喜雪示徐生》诗中有：

> 常闻老农语，一腊见三白。
> 是为丰年候，占验胜蓍策。

反之，如果腊月低温并不明显，则应提前做好灭虫、抗旱的准备："大寒不寒，人马不安。"农闲时节，做些准备工作是非常必要的，清代陆桄斗有一首《当湖竹枝词》写道：

> 米藏薰囤及时春，酿酒村庄腊白浓。
> 屈指大寒逢戌日，土功兴作趁残冬。
> 米曰冬春，酒曰腊白，皆因时命名也。大寒后戌日入腊，俗例动作无忌。

冬天就要过去了，为了来年春种，人们也会做好准备工作。古时人们早已从生产实践中认识到了土地连续耕种将会导致肥力减退的情况，宋末农书《种艺必用》说："地久耕则耗"。要制止土地肥力下降，就必须施肥，以保持和增进土地肥力。早在南宋时期，杭州就已有专人收集和运送城市的人粪，《梦粱录》载：

> 杭城户口繁伙，街巷小民之家，多无坑厕，只用马桶，每日自有出粪人瀽去，谓之"倾脚头"。各有主顾，不敢侵夺。或有侵夺，粪主必与之争，甚者经府大讼，胜而后已……更有载垃圾粪土之船，成群搬运而去。

明清以来，冬季积肥工作几乎达到了空前未有的程度，城市里不仅有挑粪担的，而且道旁都有粪坑，而这种粪坑往往租给乡下富农，留作积肥之用。

大寒时节，我国的岭南地区有捉田鼠的习俗。因为此时农作物已经基本收割完毕，平时看不到的田鼠窝开始显露出来，所以这个时节也成为岭南地区集中消灭田鼠的重要时间段。而且，当地还有吃田鼠的饮食习惯，所以捉田鼠不仅仅是一项农忙活动，甚至成了人们打野味的好时候。

闽南商家则在大寒时节举行"尾牙"，这是一种在祭祀土地神的基础上发展起来的商业习俗。"牙"即是闽南民间祭拜土地公的仪式，农历每月（除正月外）初二和十六，做生意的人都会准备一些祭品进行祭拜，祭拜后的菜肴可以给家人或伙计打打牙祭，因此也称"作牙"。农历的二月二日是头牙，十二月十六日便是尾牙。

早期，商家要解雇伙计或工人都利用"尾牙"这一顿饭来暗示。尾牙宴的主菜是白斩鸡，雇主如果想要解聘哪一位伙计，便会将鸡头相向，雇主如果不想解聘任何一位伙计，便会将鸡头朝向自己或将鸡头拿掉。有诗云："一年伙计酬杯酒，万户香烟谢土神"，上句是用宋太祖"杯酒释兵权"的典故说雇主要辞退伙计，下句便是尾牙时家家户户都在祭祀土地公，闽南地区有俗谚说："食尾牙面忧忧，食头牙跷脚捻嘴须"，说的就是伙计吃头牙和吃尾牙的不同心情。发展到今天，各公司企业也在年末某日举行聚餐晚会和员工联谊活动，称作尾牙宴，一般是宴请员工进行年末的聚餐和联谊，以感谢和表彰员工一年以来的辛勤工作。

岁终作大祭

"大寒"是农历腊月的节气，古人称十二月为腊月，进入腊月

还要进行一个重要的"腊祭"活动。《说文解字》中解释"腊"字："腊，冬至后三戌，腊祭百神"。

腊是周朝后期开始的年终祭祀宗族祖先、门户居室的专祭，以猎获的禽兽为祭品。腊祭之礼是一年中隆重的神灵献祭仪式之一，它与春社一道构成年度祭祀周期。腊祭是祭祀周期的终点，也是重点，因为它有着催生新的时间的特殊意义。在上古三代，腊祭有着原始的宗教典礼的意味，《月令》中有"（孟冬）是月也，天子乃祈来年于天宗，大割牲祠于公社及门闾，腊先祖五祀，劳农休息之"。蜡、腊在古代略有不同，应该说，先有蜡，后有腊。战国时期以"腊"统称蜡、腊二祭。《史记·秦本纪》：秦惠文王"十二年（前326），初腊"。秦国承继着中原的腊祭。秦始皇三十一年（前216）十二月，始皇为求仙术，"更名腊曰'嘉平'"，用恢复夏代腊祭的名号，来求取长生之术。汉代仍以腊名，《风俗通义·祀典》："汉改为腊。腊者，猎也，言田猎取兽，以祭祀先祖也。"周朝重视的"腊先祖五祀"的腊祭内容，在汉代礼教政治的背景下，重新受到社会上下的重视，并且将其融入逐渐形成的岁时节日体系。无论是严肃的祭祀，还是纵情狂欢，其根本的意图在于对旧岁神佑的报偿与对来年丰收的祈求。后世的腊日正传承着这新故交接的人文意义。

腊祭在汉代同样是"岁终大祭"，但其宗教性的时祭意义大为削弱，已不像上古三代那样作为朝廷大礼，它主要是作为一个民俗节日进行祭祀庆祝，因此腊日不再是一个盛大的时间仪礼过程，它有相对固定的时间点。汉代以冬至作为确定腊日的时间基点，并根据其行运的衰日，选定冬至后的一个戌日为腊日。《魏台访议》："王者各以其行盛日为祖，衰日为腊，汉火德，火衰于戌，故以戌日为腊。"在西汉前期，腊日在冬至后第几个戌日，尚不确定。汉武帝《太初历》颁行之后，确定在冬至后的三戌为腊日（闰岁为第四戌），所以《说文》曰："腊，冬至后三戌腊祭百神。"出土的几件汉简历谱也证明了《说文》的记载的准确。地节元年（前69）历谱记载的腊日在冬至后的第四个戌日，当时的冬至日在十一月九日癸酉，腊日在十二月十七日庚戌，这年是闰岁；永光五年（前39）历谱所记腊日正好在冬至后的第三个戌日，"十一月辛丑朔小，十日庚戌冬至。十二月庚午朔大，十七日丙戌腊。"晋朝时腊节虽承魏以丑日为腊，腊节时间也以十二月二十日为腊日。可见腊日约在冬至后第三十七天，在大寒与立春两个节气之间。腊祭、腊日的原始意义在于驱除寒气，扶助生民，《风俗通义》："大寒至，常恐阴胜，故以戌日腊。戌者温气也。"汉朝人仍然持有对腊节的原始宗教意义的理解。

汉代腊日相当于后世的大年三十，虽然它与正月元旦之间没有像年三十与初一那样在时间上前后相接，但腊正之间在送旧迎新性质上紧密相连。《史记·天官书》记述了西汉时腊节的情形，"腊明日，人众卒岁，一会饮食，发阳气，故曰初岁"。人们在腊日期间休息、团聚。

腊日除团聚庆祝外，还有一个重要节俗就是送寒逐疫。处在年度周期新旧更替的时段上，《礼记·月令》曰："（腊月）是月也，日穷于次，月穷于纪，星回于天，数将几终，岁且更始。"日月星辰轮转一周，到了终点，也回到了起点，在卦历上，属于艮卦，《周易·说卦第十》："终万物、始万物者，莫盛于艮"，这里的星有人说是"昏参中"，也有人说是大火旦中，从古人的以大火定季节的习俗看，大火旦中说较为可信。《左传·昭公三年》："火中寒暑

乃退"，注文说："心以季夏昏中而暑退，季冬旦中而寒退。"大火旦中预示寒气将退，腊日的选择大概就参考了这一星象。因腊日与大火的关系，人们对火神及火神在人间的化身灶神自然产生崇拜，因此腊日祀灶也在情理之中。季夏、季冬祀灶的习俗在中国古代有着对应的关系，这与大火的季节出现有关，先秦"灶神，常祀在夏"，随着人们阴阳观念的变化，秦汉时期作为夏季"常祀"的祀灶祭仪逐渐集中到季冬时节的腊日。"寒退"是腊日的自然气候，腊日深层的意旨就是人与天应促成寒气的及时退隐，以利阳气的上升。因此东汉蔡邕在《月令章句》中说：

> 日行北方一宿，北方大阴，恐为所抑，故命有司大傩，所以扶阳抑阴也。

自先秦以来就有的岁末驱傩仪式在东汉仍旧隆重举行，并且以新的传说来说明岁末驱傩的必要：传说帝颛顼有三子，生而亡去为鬼，一居江水，为瘟鬼；一居若水为魍魉；一居人宫室枢隅处，喜好惊吓小儿。颛顼在月令时代是主管冬季的天帝，汉时却演变为恶鬼之父，颛顼神格的变化表明了民众对天道信仰态度的变化，天如人界有善有恶，人们亦可根据自己的力量来驱除、抑制邪恶。

驱傩的仪式一般在腊日前一夜举行，将房屋内的疫鬼驱除后，在门上画上神荼、郁垒二神像，并在门户上悬挂捉鬼的苇索，以保证家居的安全。汉朝另一则防卫巫术，是岁暮腊日在住宅四隅埋上圆石及七枚桃弧，这样"则无鬼疫"。在古代宗教年度周期中，腊祭的次日是新岁之始，"初岁"之说，正是古年俗的遗留。自从以夏历正旦为岁首之后，腊日就成为与夏历年首协调配合的岁末节日，因此，腊与新年之间存在着一段时间距离。这样腊明日在秦汉之时也就成为"初岁"或"小新岁"。传统中国的时间观中有着较强的更新意识，人们以流动的变化的观念对待时间的流转，旧的时间中意味着新时间的发生，旧未去，新已到。腊日正处在新旧更替的交接点上，因此尽力地逐除，是为了新春的到来，驱疫逐邪活动的本身就在为阳春的到来开辟道路，《论衡·解除》："岁终事毕，驱逐疫鬼，因以送陈、迎新、内（纳）吉也。"送旧迎新纳吉正是腊日庆祝盛大热烈的动力所在。

秦汉时期，蜡祭与腊祭合而为一，其祭名曰腊祭。汉武帝太初元年（前104），汉朝改用《太初历》，以正月为岁首，年终的十二月则称为腊月，腊祭就在腊月某一日举行。隋代杜台卿《玉烛宝典》解释说：腊者祭先祖，蜡者报百神，是"同日异祭也"，也就是说，在腊月的某一固定的日子同时举行腊祭和蜡祭。这个日子便是腊日。《荆楚岁时记》中记载："十二月八日为腊日。谚语：'腊鼓鸣，春草生'。"说明至少在南朝梁时期，我国长江流域的荆楚地区已经以十二月八日为腊日。后来佛教传入，为了扩大在本土的影响力遂附会将腊八节定为佛成道日。

腊八这天最普遍的习俗便是喝腊八粥，而腊八粥在我国已有一千多年的历史，最早开始于宋代。据《东京梦华录》记载："初八日，街巷中有僧尼三五人，作队念佛……诸大寺作浴佛会，并送七宝五味粥与门徒，谓之腊八粥。都人是日各家亦以果子杂料煮粥而食也。"《梦梁录》曰："此月八日，寺院谓之'腊八'，大刹等寺，俱设五味粥，名曰'腊八粥'，亦名佛粥。"最早的时候，腊八粥是跟佛教联系在一起的。据说佛教创始人释迦牟尼苦行多年，饿得骨瘦如柴时遇见一个牧女，送他乳糜食用。他吃了乳糜后端坐在

菩提树下入定，并于十二月初八日成道。

图4-15　腊八粥

佛教传入我国后，各地兴建寺院，煮粥敬佛的活动也随之盛行起来，尤其是到了腊月初八，各寺院都要诵经，并用香谷和果实等造粥供佛，名为"腊八粥"。由于粥来自佛门，因此腊八施粥便有行善的深意，有一首《上海县竹枝词》便记述了寺庙腊八施粥的活动："庵寺僧徒日打斋，粥分腊八按门排。干菱炒栗兼兜凑，更有庵尼送满街。"

我国民间流传"腊八粥"传说：明太祖朱元璋小的时候家里很穷，便给财主放牛，有一天过桥时不慎让牛跌断了腿。财主很是生气，便把他关起来，不给饭吃。朱元璋饿得难受的时候忽然发现一个老鼠洞，里面有些零碎的米、豆和红枣，他就把这些东西合在一起煮了一锅粥。后来朱元璋当了皇帝，有一天又想起了这件事儿，便吩咐御厨熬了一锅各种粮豆混在一起的粥，而这一天正好是腊月初八，因此就叫腊八粥。

元明清时期，腊八粥常常作为十二月初八日的皇家赏赐，给予百官，元《燕都游览志》云："十二月八日，赐百官粥，以米果杂成之。"《燕京岁时记》云："雍和宫喇嘛于初八日夜内熬粥供佛，特派大臣监视，以昭诚敬。其粥锅之大，可容数石米。"大概取福散众人、共享太平的意思。

我国北方地区有在腊八这天用醋泡大蒜的习俗，名"腊八醋"和"腊八蒜"。腊八醋和腊八蒜一般要泡到大年初一，吃饺子时正好食用。据民间传说，各家商号要在腊八这天算账，其中也包括外债，俗称"腊八算"。算好账后，债主就要给欠钱的人家送信儿，让其准备还钱，民谚曰："腊八粥、腊八蒜，放账的送信儿，欠债的还钱。"腊八蒜的蒜字，正好和"算"字同音，于是也就成为腊八蒜的由来。

陕西关中地区的人在腊月初八这天不吃腊八粥，而是吃"腊八面"。探究其原因，有两种说法：一种是按照关中的习俗，腊月初五吃"五豆粥"，腊八就不想再喝粥了，改吃腊八面；另一种是说，清朝中叶时腊八粥在关中依旧流行，但由于清朝后期的几次大灾荒使得普通百姓整日以野菜稀粥度日，所以腊八节才开始吃面，算是更好一些的吃食了。

腊月初八，因为历史和宗教的因素，成为我国传统节庆中活动比较明显的节日之一，也充分显示了民族文化的深厚内涵与强大包容力。如今，我国浙江杭州灵隐寺还专门成立"浙江灵隐非物质文化遗产研究保护中心"，并把腊八节的传供法会、讲经法会、腊八粥，以及和灵隐寺腊八节习俗相关的诗词文赋、民间传说，甚至包括腊八粥的配方、做法等集中在一起，共同申遗。2016 年，"灵隐腊八节习俗"入选第六批杭州市非物质文化遗产名录；2017 年12 月，"灵隐腊八节习俗"又入选第五批浙江省非物质文化遗产名录。

大寒忙迎年

民间常说："过了大寒，又是一年"，这里的"年"便是农历春节。大寒是春节前的最后一个节气，一般叫大寒迎年。而大寒时节正逢小年（一般北方地区是腊月二十三，南方地区则是腊月二十四），民间一般有祭灶、扫尘、蒸年糕的习俗，主要是为即将来到的"大年"即春节做准备。

祭灶是在我国流行范围极广的传统习俗。旧时，差不多家家都设有灶王神位，有的只供奉灶王爷一人，有的则同时供奉灶王奶奶，表达了人们辟邪除灾、迎祥纳福的美好愿望。

图4-16　山东德州灶糖

有人认为最早奉祀的灶神当是火神炎帝或火官祝融，《淮南子·氾论训》曰："故炎帝于火，死而为灶。"《礼记·礼器疏》曰："颛顼氏有子曰黎，为祝融，祀以为灶神。"后来，灶神成为一个貌容娇美的男性形象，《庄子·达生》借齐国方士皇子告敖的口说："灶有髻"，晋司马彪注："灶神，其状如美女，着赤衣，名髻也。"汉代以后，灶神司功过，《后汉书》记载，南阳（今河南境内）阴子方以黄羊祭灶，从而受了灶神的祝福，从此发迹。到了魏晋时代，灶神开始与道教相关，并有了灶王爷会上天向玉皇大帝告状的民间传说。《抱朴子·微旨》曰："月晦之夜，灶神亦上天白人罪状"，月晦是指阴历每月最后一天，可见当时灶王爷回去告状的频率比后来高很多。晋代《风土记》曰："今吴以腊月廿四日夜记。其谓神翌日朝天日一岁事，故前期祷之"，因为害怕灶神上天后，说些不利于自家的话，吴人会用酒祭祀，称为"醉司命"，这大抵就是后来糖瓜粘的另一种形式。宋代之后，祭灶便开始使用一种称为"胶牙饧"的糖，用意或是让灶神上天后说些甜言蜜语，或是要让灶神的齿牙被糖粘住，说不出话来。北方常见的灶糖，就是所谓的"糖瓜"。从汉代至宋代，灶神从"主饮食之事"的神转变成为家庭守护神。宋代范成大有一首《祭灶词》生动地描绘了当时人们祭灶的情形：

> 古传腊月二十四，灶君朝天欲言事。云车风马小留连，家有杯盘丰典祀。猪头烂热双鱼鲜，豆沙甘松粉饵团。男儿酌献女儿避，酹酒烧钱灶君喜。婢子斗争君莫闻，猫犬触秽君莫嗔；送君醉饱登天门，杓长杓短勿复云，乞取利市归来分。

这首词将民间祭灶的情形交代得十分清楚，其中提到了"女儿避"。也就是说，至少在南宋，祭灶时已经有性别的要求了，到了明代，对祭灶的要求更严，《帝京景物略》中记曰："男子祭，禁不令妇女见之。"民间传说，月亮属阴，灶君属阳，故"男不祭月，女不祭灶"。也有人认为，月神是女性神嫦娥，而灶神是炎帝或祝融等男性神，根据旧时"男女授受不亲"的传统观念，所以有了以上规矩。

清代宫廷和民间都十分重视祭灶，据传嘉庆帝之所以曾在上谕中称洋教为邪说，概因其"不祀祖先、不供门灶"，足见祭灶之重要性。《帝京岁时纪胜》描绘腊月二十三日祭灶时写道："更尽时，家家祀灶，院内立杆，悬挂天灯。祭品则羹汤灶饭、糖瓜糖饼，饲神马以香糟炒豆水盂。"《燕京岁时记》又称："二十三日祭灶，古用黄羊，近闻内廷尚用之，民间不见用也。"这当是对阴子方故事的继承。据内务府奏案可知，坤宁宫祭灶一向供奉黄羊。后来，鲁迅与周作人都曾经写过关于黄羊祭灶的诗句。

扫尘，原是古代驱除病疫的一种宗教仪式，后来演变成了年底的大扫除，同样寄托了人们岁末年初辟邪除灾、迎祥纳福的美好

愿望。

宋代《梦粱录·除夜》曰："十二月尽，俗云'月穷岁尽之日'，谓之'除夜'。士庶家不论大小家，俱洒扫尘扫门闾，去尘秽，净庭户。"清代顾禄《清嘉录》曰："腊将残，择宪书（指历本）宜扫舍宇日，去庭户尘秽，或有在二十三日、二十四日及二十七日者，俗呼'打埃尘'。"由此可见，从宋代一直到清代，腊月月末这段时间是人们打扫卫生的时间。究其原因，当是"尘"与"陈"谐音，月末扫尘不仅能使居室环境焕然一新，更有辞旧迎新的含义，其用意是把一切晦气统统扫出门。除了家里要焕然一新外，每个人也都要洗浴、理发，褪去过往的晦气，开启新年的好兆头，所以民间有"有钱没钱，剃头过年"的说法。

关于小年祭灶与扫尘，民间还有一个很有意思的传说：很久以前，玉皇大帝为了掌握人间情况，就派三尸神常住人间。三尸神是个阿谀奉承、搬弄是非的家伙。一次，三尸神更危言耸听，密报人间咒骂玉皇大帝。玉帝大怒，降旨查明人间犯乱之事，并将犯乱人的姓名、罪行书于墙壁之上，让蜘蛛结网遮掩以做记号。又命王灵官于除夕之夜下界，凡遇有带记号之家，满门抄斩，一个不留。三尸神好不高兴，乘机下凡，恶狠狠地在每户人家墙壁上做上记号，好让王灵官来斩尽杀绝。此事让灶王府君知道了，大惊失色，为了搭救凡人，各家灶王爷聚集商量，想出了一个办法，即在腊月二十三日"送灶"之日起，到除夕"接灶"前，每家每户必须清扫尘土，掸去蛛网，擦净门窗。王灵官于除夕之夜来察看时，家家窗明几净，焕然一新，灯火辉煌，团聚欢乐，人间美好无比。王灵官找不到所谓"劣迹"的记号，立刻返回天上，将人间祥和安乐，祈求新年如意的情况禀告玉皇大帝。

腊月二十三后，我国各地区都进入了忙年的阶段，而此时北方地区民间有一种忙年歌（也称作"过年谣"），即是通过童谣的方式描绘了各地忙年的习俗活动。比如北京地区的歌谣：小孩，小孩，你别馋，过了腊八就是年；腊八粥，喝几天，哩哩啦啦二十三；二十三，糖瓜粘；二十四，扫房子；二十五，做豆腐；二十六，去割肉；二十七，宰年鸡；二十八，把面发；二十九，蒸馒头；三十晚上熬一宿，大年初一扭一扭，除夕的饺子年年有。

烛尽年还别

忙完了年节食品的准备，人们开始要沐浴斋戒迎接新年了。沐浴祛秽是旧时年节的主要习俗之一。在年节过渡仪式中，为了将过渡时间变成特殊的净化阶段，人们不仅以驱邪、送神的形式实现时空净化，就是人体自身也需要洁净，以除旧迎新。湖北西部鹤峰人在除日"浴身"，称为"洗隔年尘"，也称"洗邋遢"。土家族人在腊月二十八将被子、衣物全部洗干净，全家老少用艾蒿煎水洗澡。江苏常州人在腊月二十六日洗澡，称为"洗福禄"，二十七日夜浴，"谓洗啾唧，被除之意也。"岁末人体的清洁行为是一道必备的仪式，除了洗浴之外，还有剃年头，俗谚："有钱无钱，剃头过年。"在岁末一定要剃好年头，干净过年。

清洁沐浴之后，人们就要装点门庭了，所谓"二十八，贴花花"。贴花花，包括春联、门笺、年画、窗花剪纸等。

先说门神，最早的门神是桃木刻成的偶人，在先秦时期已经出现。汉代门神已演变为两个人形图像，他们的名字分别是神荼与郁垒。传说神荼、郁垒是两兄弟，专门负责捉拿祸害人间的恶鬼。门神在后代不断增加，主要有钟馗、秦叔宝、尉迟敬德几位。门神画是绘有门神形象的图画，后来绘画题材扩大，变成年节时期装饰屋

宇、增添喜气的年画。古代门神画中多画鹿、喜、宝马、瓶、鞍等象征物。年画题材广泛，喜庆吉祥是其主题，如连年有余、金玉满堂、群仙赐福、招财进宝等。

桃板、桃符以及后来普遍出现的春联是新年大门的重要饰物。宋代以前门口悬挂的是桃符，桃符上写有辟邪祈福字样，桃符一年更换一次。随着时代的变化，人们要表达的意愿越来越多，在桃符上的字也就越写越长，逐渐形成了对仗工整的吉祥联语。于是出现了春联这一新年门饰。春联的最初起源虽然是在唐末五代，但以纸写联语普及社会的时代应该是在明清时期。

岁末年终，最重要的是年夜饭。年夜饭来源于古代的年终祭祀仪礼。随着家族社会的发展，多神祭祀逐渐演变为以祭祀祖先为主的腊日之祭。中国人的年夜饭是家人的团圆聚餐。这顿一年中最丰盛的晚餐，是人神共进的晚餐。

传统的年夜饭，菜肴充满寓意。比如苏州人的年夜饭俗称"合家欢"，其中有一样菜肴叫安乐菜——用风干的茄蒂杂拌其他果蔬做成。人们吃年夜饭，下箸必先取此品，以求吉祥。中国南方地区的年夜饭有两样菜不可少，一是有条头尾完整的鱼，象征年年有余；二是丸子，南方俗称圆子，象征团团圆圆。传统北京人的年夜饭中必定有荸荠，谐音"必齐"，就是说家人一定要齐整。

年夜饭当然有南北的地域差异，南方除了菜肴外，要吃糍粑或年糕，而北方一般吃饺子。饺子在中国起源很早，它能成为北方大年的标志食品，一方面因为饺子本身的美味，另一方面因为饺子是时间变化的象征物，在民俗观念中，新旧年度的时间交替在午夜子时，在除夕与新年交替之际，全家吃饺子以应"更岁交子"时间，表示辞旧迎新。此外，为了添加节日的生活情趣，有的地方在包饺子时，还在其中加入糖块、花生、枣，乃至钱币等物，谁吃到什么馅的饺子，谁就获得好的预兆。吃到糖块标志着生活甜如蜜；吃到花生者就表示长生不老；吃到枣子意为早得子嗣；吃到钱币者自然新年有好的财运。

除夕夜吃完年夜饭，长辈要给小辈压岁钱，以祝福晚辈平安度岁。压岁钱是小儿新年最盼望的礼物。压岁钱相传起源较早，但真正流行是在明清时期。压岁钱有特制钱与一般通行钱两种。特制的压岁钱是仿制品，它的材料或铜或铁，形状或方或长，钱上一般刻有"吉祥如意""福禄寿喜""长命百岁"等。

明清时期通常用流通的银钱做压岁钱。这种压岁钱，有直接给予晚辈的，有的是在晚辈睡下后，放置其床脚或枕边。压岁钱本来是祝福的意义，但用流通的制钱给小儿压岁，这就给孩子带来了自主消费的愉悦，这种情形恐怕是明清以后才有的新现象，它开启了压岁钱由信仰功能向节日经济功能转变的趋势。民国以后，各钱铺年终特别开红纸零票，以备人们于压岁钱支用。当时还流行用红纸包一百文铜圆，寓"长命百岁"之意；给已成年的晚辈压岁钱，红纸包的是一枚大洋，象征"财源茂盛""一本万利"。使用现代纸钞票后，家长们则喜欢选用号码相连的新钞票，预兆着后代"连连发财""连连高升"。

年夜饭后，全家人围坐在火炉旁边，拉家常，聊未来，谈天说地，一直聊到五更天明，迎来新岁。人们在辞旧迎新的除夕，以通宵不寐的形式守候新年的到来，称为"守岁"。守岁的习俗在中国有近两千年的历史，守岁的目的是祈求长命。因为是整晚不睡，人们要打起精神强坐，所以在北方俗语中称为"熬年"。民间为了阻止人们除夕睡觉，还形成了一种禁忌，说如果这晚睡觉，第二年身

体就不好。守岁是为了强固身体，延年益寿。在古代守岁还是为父母或老人祈寿的重要方式，因此一般人都坚持守岁。从古迄今人们一直将守岁作为辞旧迎新的重要过程。守岁是对旧岁的辞别与对新年的守望。

守岁的民俗主要表现为除夕夜灯火通宵不灭。岁火起源于古代驱邪的需要：民间曾经流传着年兽的说法，说有一个名叫"年"的怪兽，经常在除夕夜出来吃人。因为年兽害怕红色的灯火，所以人们在门口挂上红灯笼，在庭院点燃红红的火焰，这样就保证了家人的安全。这则民间传说表达了人们在时间变换中的紧张与不安定的感觉，所以人们以热闹的灯火驱走黑暗，迎接新年黎明的到来。除夕守岁，除了岁火外还有"燃灯照岁"的习俗，即大年夜遍燃灯烛。明朝人过除夕，所有房子都点上灯烛，还要专门在床底点灯烛，谓之"照虚耗"，说如此照过之后，就会使来年家中财富充实。

伴随除夕守岁的是爆竹与焰火，在送旧迎新的日子里，人们尽情地燃放烟花爆竹。新年爆竹起源于原始宗教信仰，人们以此驱邪祈福。民俗认为，鞭炮等响声，能驱赶鬼邪。公元6世纪中叶成书的《荆楚岁时记》记载：正月一日，"鸡鸣而起，先于庭前爆竹"，以驱逐山怪恶鬼。当时真的是爆竹，方法是将竹筒置于火中烧烤，竹筒受热膨胀，最后爆出声响，直到唐宋时期仍然采用这种爆竹方式。宋人范成大的《爆竹行》记述了当时吴地爆竹鸣放的情形。宋代除了传统的天然爆竹外，还出现了火药爆竹。这种火药爆竹不仅有霹雳的雷声，而且有硝烟散出。爆竹散出的硝烟有消灭空气中病菌的功效，所以人们在瘟疫发生的时候，经常要燃放爆竹。

明清时期火药爆竹更加流行，人们除了以爆竹驱傩外，还用它来送神、迎神，以及接待拜年客。爆竹的声响增添节日气氛。清代北京除夕"爆竹声如击浪轰雷，遍乎朝野"。苏州过年，锣鼓敲动，街巷相闻。送神之时，多放炮仗，炮仗有单响、双响、一本万利等名。还有一种成百上千的小爆竹编在一起的长鞭，响声不绝，名为"报旺鞭"。近代以来，乡村春节鞭炮是年俗必有的项目，假如过年没有爆竹声，人们就会觉得心里空荡荡的。今天，当除夕午夜零时中央电视台春节联欢晚会新年钟声敲响时，全国进入鼎沸状态，举国上下烟花飞舞、鞭炮齐鸣，一向矜持的中国人此刻融入狂欢的世界。

人们在响彻云霄的鞭炮声中迎来新年，旧年回天汇报的诸神，这时又带着新的使命回到人间。为了迎接新神，各家摆起香案，虔诚祭祀。新年"进酒降神"是汉代就有的传统，民间一直沿袭下来。新年人们迎回诸神，诸神的降临意味着年度时间重归人神共处的日常世界。

祖先祭祀是春节家祭中最重要的祭祀。《礼记》中对有关祖先祭祀的情况屡有记载，如"大饮烝"就是岁末的宗庙祖先祭祀大礼。明清以后，由于宗法观念的复兴，祭拜祖先重新成为新年仪式的重要环节。民国以来民间仍然保持春节祭祖的习惯，一般在家庭堂屋设置有祖先牌位，人们吃团年饭前，先要由家长依次请祖先回家团年，在祖先享用之后，家人再上桌吃饭。

正是这种年复一年的祭祀团聚，巩固了家族的内聚意识，保证了家族的绵延。而家族作为社会的基本单元，它同时也是文化传承的基本单位，中国文明的悠久传承与中国家族社会绵延有着一定的内在关系。

参考文献

1. 庞朴：《蓟门散思》，上海文艺出版社，1996。

2. 陈久金等：《中国节庆及其起源》，上海科技教育出版社，1990。

3. 过伟主编：《越南传说故事与民俗风情》，广西人民出版社，1998。

4. 萧放主编：《二十四节气——中国人的自然时间观》，湖南教育出版社，2017。

5. 萧放、张勃：《城市·文本·生活——北京岁时文献与岁时节日研究》，中国社会科学出版社，2017。

6. 萧放：《南北民俗的交融复合——端午节习俗的形态》，《文史知识》1999年第6期。

7. 萧放：《冬至大如年：冬至节俗的传统意义》，《文史知识》2001年第12期。

8. 萧放：《中秋节的历史流传、变化及当代意义》，《民间文化论坛》2004年第5期。

9. 萧放：《明清新年民俗》，《文史知识》2006年第1期。

10. 萧放：《清明常在，民族不老》，《人民日报》2013年4月4日。

11. 萧放：《岁时节日》，《民间文化论坛》2016年第4期。

12. 萧放：《二十四节气：从天时到日用之时》，《三联生活周刊》2016年第50期。

13. 简涛：《立春风俗考》，上海文艺出版社，1998。

14. 张勃：《明代岁时民俗文献研究》，商务印书馆，2011。

15. 刘晓峰：《二十四节气的形成过程》，《文化遗产》2017年第1期。

16. 程杰：《"二十四番花信风"考》，《阅江学刊》2010年第1期。

17. 李菁博、许兴、程炜：《花神文化和花朝节传统的兴衰与保护》，《北京林业大学学报（社会科学版）》2012年第3期。

18. 《三门祭冬，少长咸集聚亲情》，参见《浙江日报》2016年12月22日第9版。

19. 《民国旧闻：老南京南郊"斗风筝"》，参见《南京晨报》2018年3月29日第11版。

20. 《文化部联合多部门推"二十四节气"五年保护计划》，参见环球网 http：//china. huanqiu. com/hot/2016−12/9783820. html。

21. 朝戈金：《构筑多元行动方的保护机制——在中国民俗学会二十四节气保护工作专家座谈会上的致辞》，参见中国民俗学网 http：//www. chinesefolklore. org. cn/web/index. php?NewsID=1537。

22. 《世界非遗"九华立春祭"在浙江衢州举行》，参见人民网 http：//society. people. com. cn/n1/2017/0207/c1008−29063699. html。

23. 《春分祭日大典中断160年后恢复 市民感受太阳礼》，参见中国文明网 http：//www. wenming. cn/wmzh_pd/jj_wmzh/201103/t20110321_119399. shtml。

后　记

　　暑气渐没，这本关于节气的小书终于在秋意浓浓的白露时节完成了，我感到欣慰且忐忑。

　　时间制度是一个值得长久关注和持续探讨的话题，其中包含的意蕴深厚而绵长。二十四节气是中国传统天文历法、自然物候与社会实践共同融入的时间制度，清晰地表述且规划着以黄河流域为中心的农耕生活，并为全国各地的多个民族所共享，是中国民众特有的时间文化制度。从遥远的天体运行到近身的物候变化，每一个节气都镌刻着人们切近自然的体认、顺应自然的秉性，也引导着人与自然和谐共处的生活节律与审美取向。

　　二十四节气作为我国传统的天文与人文合一的历法现象，历史上也曾对东亚地区产生了深远影响，因而受到学界广泛关注。国内社科领域的研究以追溯历史与深描民俗为重，尤其是 2016 年入选联合国教科文组织人类非物质文化遗产名录以来，以二十四节气为代表的中华优秀传统文化进行创造性转化和创新性发展的实践要求，更加促进了学界对其演进过程与当代传承的价值探寻。

　　二十四节气的诸多探讨犹如秋天累累的硕果，结在每一年。

幸运的是，今年秋天这本小书也得以成熟。萧师对于时间的研究造诣深厚，所以本书的写作由他确定题旨、搭好框架、把握重点，同时对某些节气内涵进行深入阐释，而学识尚浅的我负责文献与图片资料的收集整理与填补校对。但是，由于萧师时间有限，而我的个人学术能力不足，其实并未能实现萧师更多更为深刻的见解与思考。这一点是这本小书的遗憾，也请诸位读者谅解。

最后，感谢长春出版社张中良老师一丝不苟、不厌其烦的编辑校订工作。

郑　艳